Adobe Dimension 2020
经典教程

[美] 基思 · 吉尔伯特（Keith Gilbert）著
武传海 译

人民邮电出版社
北京

图书在版编目（CIP）数据

Adobe Dimension 2020经典教程 / (美) 基思·吉尔伯特 (Keith Gilbert) 著 ; 武传海译. -- 北京 : 人民邮电出版社, 2021.7
ISBN 978-7-115-56336-1

Ⅰ. ①A… Ⅱ. ①基… ②武… Ⅲ. ①图形软件－教材
Ⅳ. ①TP391.412

中国版本图书馆CIP数据核字(2021)第063176号

◆ 著　　[美] 基思·吉尔伯特（Keith Gilbert）
译　　武传海
责任编辑　傅道坤
责任印制　王 郁　焦志炜

◆ 人民邮电出版社出版发行　北京市丰台区成寿寺路 11 号
邮编 100164　电子邮件 315@ptpress.com.cn
网址 https://www.ptpress.com.cn
大厂回族自治县聚鑫印刷有限责任公司印刷

◆ 开本：800×1000　1/16
印张：17
字数：395 千字　　2021 年 7 月第 1 版
印数：1 – 2 000 册　　2021 年 7 月河北第 1 次印刷

著作权合同登记号　图字：01-2019-6404 号

定价：79.90 元

读者服务热线：(010)81055410　印装质量热线：(010)81055316
反盗版热线：(010)81055315
广告经营许可证：京东市监广登字 20170147 号

内容提要

本书由 Adobe 的专家编写，是 Adobe Dimension 2020 软件的正规学习用书。

本书包括 13 课，涵盖 Dimension 的基本介绍，设计模式的基础知识，使用相机改变场景视图的方法，渲染模式，3D 模型和材质的相关知识，如何选择对象和表面，将图形应用于模型的方法，如何使用背景和灯光，模型和场景的构建技术，使用 Photoshop 做后期处理等内容。

本书语言通俗易懂并配以大量的图示，特别适合 Dimension 新手阅读；有一定使用经验的用户从中也可学到大量高级功能和 Dimension 2020 新增的功能。本书也适合各类培训班学员及广大自学人员参考。

前言

借助 Adobe Dimension，设计师可以快速地把 3D 和 2D 元素组合在一个场景中，并可以自定义模型、指定材质，以及创建真实的光照等。在 Adobe Dimension 中搭建好场景之后，可以使用 Dimension 中的高级渲染引擎把场景输出成一个包含真实纹理、材质、阴影、反光的二维 Photoshop 文件。对于从事广告制作、产品设计、场景可视化、抽象艺术、包装设计、创意探索等方面工作的人士来说，Adobe Dimension 是一个理想的工具。

关于本书

本书是 Adobe 图形图像与排版软件的官方培训教程之一，在 Adobe 产品专家的支持下编写而成。本书在内容组织上做了精心安排，使得大家可以根据自身情况灵活地学习。如果你是初次接触 Adobe Dimension 这款软件，那么将在本书中学到使用 Adobe Dimension 必须掌握的基本概念和功能。如果你之前用过 Adobe Dimension，那么通过本书将会学到这款软件的许多高级功能，包括使用软件最新版本，以及使用 3D 模型搭建真实场景的技巧和提示。

书中每一课在讲解示例项目时，都给出了详细的操作步骤。尽管如此，我们还是留出一些空间，供大家自己去探索与尝试。学习本书时，既可以从头一直学到尾，也可以只学习自己感兴趣的部分，请根据自身情况灵活安排。本书每一课的最后都安排有复习题，方便大家对前面学过的内容进行复习回顾。

学习预备

学习本书之前，你应该对自己的计算机及其操作系统有一定的了解，会使用鼠标、标准菜单、命令，还知道如何打开、保存、关闭文件。如果还不懂这些操作，请阅读有关如何使用 Apple Mac 与 Windows PC 的说明文档。

为了学习本书课程，还要在自己的电脑中安装 Adobe Dimension 软件。另外，学习某些课程时，还会用到 Adobe Photoshop、Adobe Illustrator 两款软件，所以，这两款软件最好也要装上。

安装 Adobe Dimension

学习本书内容之前，请先确保系统安装正确，并且安装了所需要的软件。必须单独购买 Adobe

Dimension 软件。在学习本书的某些课程中，还会用到 Adobe Photoshop、Adobe Illustrator 这两款软件。请确保已经在自己的系统中安装了它们。

启动 Adobe Dimension

启动 Dimension 与启动其他大多数软件没什么不同。

- **在 Mac 系统下启动 Adobe Dimension：**在【启动台】或【程序坞】中，单击 Adobe Dimension 图标。
- **在 Windows 系统下启动 Adobe Dimension：**在任务栏中，单击【开始】按钮，在字母 A 的程序列表中，找到并单击 Adobe Dimension。

若未发现 Adobe Dimension，可以在【聚焦】（Mac 系统）或【任务栏】（Windows）的搜索框中，输入 Dimension，出现 Adobe Dimension 程序图标后，选择它，再按 Return 或 Enter 键。

恢复默认首选项

Adobe Dimension 的首选项文件中保存着各种命令设置相关的信息。每次退出 Dimension 时，在首选项对话框中所做的选择都会被保存到首选项文件中。

学习每一课之前，应该把首选项恢复成默认设置，这样才能保证大家在屏幕上看到的软件界面与书中一样。当然，也可以保留自己的首选项设置，不进行重置，但这样看到的软件界面很可能与书中给出的界面不一样。

可按照如下步骤把首选项恢复成默认设置。

1. 启动 Adobe Dimension。
2. 从菜单栏中依次选择【文件】>【新建】，新建一个空白文件。
3. 选择【Adobe Dimension】>【首选项】（macOS），或者【编辑】>【首选项】（Windows），打开【首选项】对话框。
4. 在【首选项】对话框中单击【重置首选项】。
5. 单击【确定】按钮。

资源与支持

本书由“数艺设”出品，“数艺设”社区平台（www.shuyishe.com）为您提供后续服务。

配套资源

完成本书学习所用的素材文件。

资源获取请扫码

“数艺设”社区平台，为艺术设计从业者提供专业的教育产品。

与我们联系

我们的联系邮箱是 szys@ptpress.com.cn。如果您对本书有任何疑问或建议，请您发邮件给我们，并请在邮件标题中注明本书书名及 ISBN，以便我们更高效地做出反馈。

如果您有兴趣出版图书、录制教学课程，或者参与技术审校等工作，可以发邮件给我们；有意出版图书的作者也可以到“数艺设”社区平台在线投稿（直接访问 www.shuyishe.com 即可）。如果学校、培训机构或企业想批量购买本书或“数艺设”出版的其他图书，也可以发邮件联系我们。

如果您在网上发现针对“数艺设”出品图书的各种形式的盗版行为，包括对图书全部或部分内容的非授权传播，请您将怀疑有侵权行为的链接通过邮件发给我们。您的这一举动是对作者权益的保护，也是我们持续为您提供有价值的内容的动力之源。

关于“数艺设”

人民邮电出版社有限公司旗下品牌“数艺设”，专注于专业艺术设计类图书出版，为艺术设计从业者提供专业的图书、U 书、课程等教育产品。出版领域涉及平面、三维、影视、摄影与后期等数字艺术门类，字体设计、品牌设计、色彩设计等设计理论与应用门类，UI 设计、电商设计、新媒体设计、游戏设计、交互设计、原型设计等互联网设计门类，环艺设计手绘、插画设计手绘、工业设计手绘等设计手绘门类。更多服务请访问“数艺设”社区平台 www.shuyishe.com。我们将提供及时、准确、专业的学习服务。

目　录

第1课　认识Adobe Dimension

课程概览

本课中，我们将一起了解 Adobe Dimension 的工作界面，涉及如下内容：

- Adobe Dimension 是什么；
- 如何打开一个 Dimension 文件；
- 如何使用工具和面板；
- 如何改变场景视图；
- 如何对场景做简单编辑。

学完本课大约需要 45 分钟。开始学习之前，请先在数艺设社区将本书的课程资源下载到本地硬盘中，并进行解压。

Adobe Dimension用户界面时尚又整洁，很方便用户查找所需工具与功能选项。

1.1 Adobe Dimension 简介

Adobe Dimension 是一款能够运行在 macOS 或 Windows 系统下的桌面程序。借助 Adobe Dimension，我们可以使用 3D 资源创建出逼真的图像，并将其用于品牌推广、产品拍摄、场景可视化和抽象艺术中。

Dimension 易学易用，即使没用过 3D 软件或者 3D 使用经验少的用户，也可以轻松地使用它做 3D 设计、合成、渲染。在本书的学习过程中，我们会尽力避免使用专业的 3D 建模术语，以便大家更好地理解所讲内容。Dimension 用户界面与其他 Adobe 设计软件类似，如 Adobe XD、Adobe Illustrator、Adobe Photoshop、Adobe InDesign，用过这些软件的用户应该不会对 Dimension 的用户界面感到陌生。

Dimension 是一款订阅产品，它是 Adobe Creative Cloud 系列产品的一部分。在有些订阅计划下，我们只能使用 Dimension（此时，只需为其支付订阅费用），而在有些订阅计划下，可以使用 Adobe Creative Cloud 下的所有产品，包括 Adobe Illustrator、Adobe Photoshop，这两款软件在学习 Adobe Dimension 的过程中非常有用。

3D 模型从何而来

Dimension 不是用来创建 3D 模型的。创建 3D 模型时，常用的建模软件有 3ds Max、Blender、Inventor、Maya、Rhino、Sketchup、SolidWorks、Strata 3D 等。大部分 3D 建模软件都比较难学，技术性强，操作复杂，需要较长时间的学习才能掌握。如果只是偶尔使用，不建议用它们。

使用 3D 建模软件做好模型之后，接下来，就可以把制作好的模型导入到 Dimension 中，然后向模型应用新材质，调整相互位置，添加真实的照明、反光、阴影，从而把模型自然地融合到 2D 场景中。最后，再渲染整个场景，将其转换成 2D 图像（PSD 或 PNG 格式），然后用在印刷品、网站，或其他数字作品中。在 Dimension 中，也可以把一个场景导出为 3D 交互版本，而后将其放在网站中，与其他人分享。

1. 创建场景并导入模型，如图 1.1 所示。

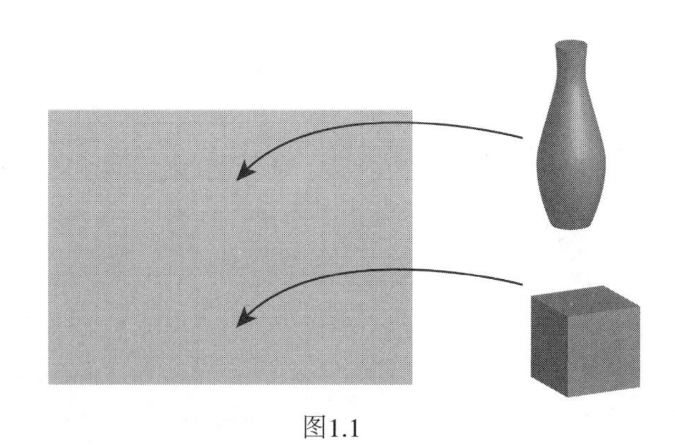

图1.1

2. 调整灯光、材质、尺寸、位置、旋转等，如图 1.2 所示。

图1.2

3. 添加场景背景，如图 1.3 所示。

图1.3

4. 输出并发布到网络。渲染成 PSD、PNG 文件，如图 1.4 所示。

图1.4

1.2 启动 Dimension 与打开文件

本课中，我们将打开一个事先准备好的 Dimension 场景，借其了解一下 Dimension 用户界面。

1. 启动 Adobe Dimension。

首先出现的是【主页】界面。请注意，大家在电脑上看到的【主页】界面可能与图 1.5 不一样，这很正常。【主页】界面中包含指向各种学习教程与 Dimension 各种资源的链接，还有最近使用过的文件列表。

图1.5

2. 单击【打开】按钮。
3. 在【打开】对话框中，转到 Lessons > Lesson01 文件夹下，选择 Lesson_01_begin.dn 文件，单击【打开】按钮。

接下来，使用这个简单的 3D 场景来了解一下 Dimension 用户界面。

Dimension的限制：一次只能打开一个文件

3D文件本身很复杂，在处理时需要耗费大量电脑内存和计算能力。因此，Dimension只允许一次打开一个文件。也就是说，在Dimension中有一个文件处于打开状态的情形下，当试图新建文件或者打开另外一个文件时，当前打开的文件将会关闭。

1.3 【工具】面板

在 Dimension 中，【工具】面板位于用户界面的最左侧，包含创建、编辑 3D 场景的各种工具。下面详细介绍这些工具。

1. 在【工具】面板中，把鼠标指针置于各个工具之上，会弹出蓝底白字的工具提示，给出相应工具的名称、键盘快捷键或鼠标快速操作方式，如图 1.6 所示。通过这些工具提示信息，除了工具名称外，我们还可以知道工具的用途以及快速访问方式。

图1.6

2.【工具】面板中的工具被短横线划分成几个分组，如图 1.7 所示。有的分组只包含一个工具，而有的分组则包含多个工具。

第一个分组位于工具面板最顶端，只包含【添加和导入内容】这一个工具，用来向场景中添加内容。第二个分组也只包含一个工具——【选择工具】。该工具最常用，常用来选择和变换 3D 模型。

第三个分组中有两个工具，分别是【魔棒工具】和【取样工具】。可以综合使用这两个工具选择某个 3D 对象的较小部分（比如瓶盖或杯子把手），然后更改其颜色或表面材质。

第四个分组中有四个工具，分别是【环绕工具】【平移工具】【推拉工具】和【水平线工具】，这些工具经常被称为相机工具，用来调整 3D 场景中相机的位置。

第五个分组中包含两个工具，分别是【缩放工具】和【抓手工具】，用来调整画布或工作区的视图。这两个工具与 Photoshop、Illustrator、InDesign 中的缩放工具、抓手工具类似。

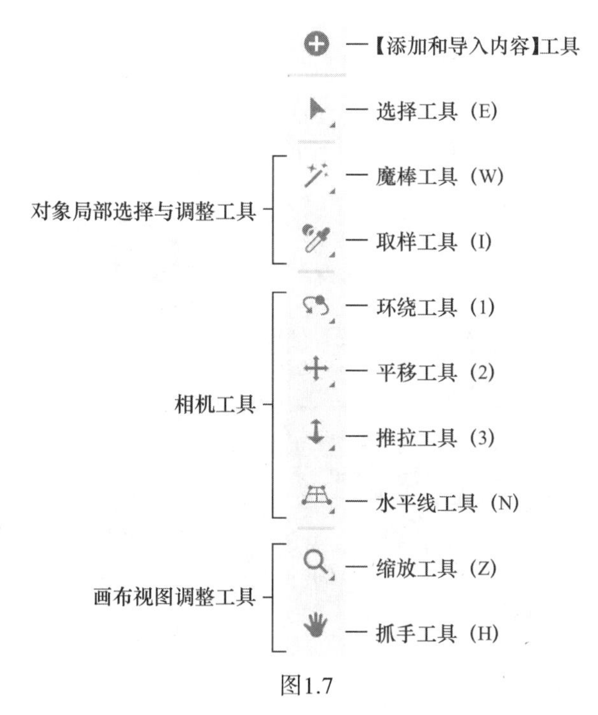

图1.7

3. 使用鼠标右键单击【推拉工具】，屏幕上出现该工具相关的一些选项。

在【工具】面板中，有些工具的右下角会出现一个黑色小三角，表示该工具下包含更多工具或控制选项，如图 1.8 所示。当在这样的工具图标上单击鼠标右键，或者双击鼠标左键，或者按住鼠标左键时，就会出现一个面板，其中包含着其他工具或控制选项。

图1.8

1.4 右侧面板

与其他 Adobe 设计软件一样，Dimension 用户界面右侧有多个面板，显示着我们在工作区中所选对象的属性，而且借助这些面板，可以轻松地编辑对象的各个属性。下面让我们一起了解这些面板。

1. 在【工具】面板中选择【选择工具】(键盘快捷键：V)。
2. 选择场景中的红色椅子。此时，椅子上出现蓝色高亮线，表示其被选中。与此同时，在椅子近旁出现一个呈红色、绿色、蓝色显示的选择工具控件，如图 1.9 所示。

图1.9

1.4.1 【场景】面板

【场景】面板中列出了整个场景的所有组件。

1. 【场景】面板位于用户界面的右上方。示例场景中包含 4 个对象，分别是相机、retro_green_chair、retro_table、retro_red_chair，如图 1.10 所示。

图1.10

2. 在【工具】面板中，使用鼠标右键单击【选择工具】，在弹出的工具选项中，确保【组选择】处于打开状态，如图 1.11 所示。此时，当单击一个组合对象时，整个组合对象都会被选中，这有点类似于 Photoshop、Illustrator、InDesign 中的选择工具。

图1.11

3. 单击画布（或称工作区）中的绿色椅子，将其选中。此时，在【场景】面板中，retro_green_chair 模型处于高亮状态。
4. 在【场景】面板中，把鼠标置于 retro_green_chair 之上。此时，在其右侧出现一个眼睛图标（👁），单击该图标，可把绿色椅子隐藏起来，使其在画布中不可见。
5. 再次单击眼睛图标，把绿色椅子重新在场景中显示出来。
6. 在【场景】面板中，单击单词 retro_table。此时，画布中的桌子处于选中状态。相比于在画布中点选模型，有时在【场景】面板中选择模型会更容易，更准确。

1.4.2 【操作】面板

【操作】面板中显示的是可对所选对象执行的各种操作，所选对象不同，操作面板中显示的内容也不同。

1. 在 retro_table 模型处于选中的状态下，【操作】面板中显示的操作有删除、重复、分组、移动到地面，如图 1.12 所示。
2. 把鼠标移动到各个操作图标上，会显示各个操作的名称及键盘快捷键。

图1.12

1.4.3 【属性】面板

【属性】面板用来显示所选对象的各种属性。场景中选择的对象不同，【属性】面板中显示的内容也不同。

1. 在 retro_table 对象处于选中的状态下，【属性】面板中依次显示的是中心点、位置、旋转、缩放、大小，而且其中每一个值都可以修改。

注意：与 Adobe 其他软件不同，在 Dimension 中，【场景】面板、【操作】面板、【属性】面板的位置不可移动或调整，即它们在用户界面右侧的位置是固定不变的。不过，通过单击面板名称左侧的箭头，可把面板展开或折起。

2. 在【位置】下，把 X 值设置为 4 厘米（见图 1.13），按 Return（macOS）或 Enter 键（Windows）。此时，桌子会沿着 X 轴的正方向移动 4 厘米。

图1.13

3. 在【场景】面板中选择【环境】。环境是 3D 模型周围的区域，会对光照、反光、地面属性产生影响。
4. 在【场景】面板的【环境】之下，有【环境光照】和【阳光】。选择【环境光照】，如图 1.14 所示。

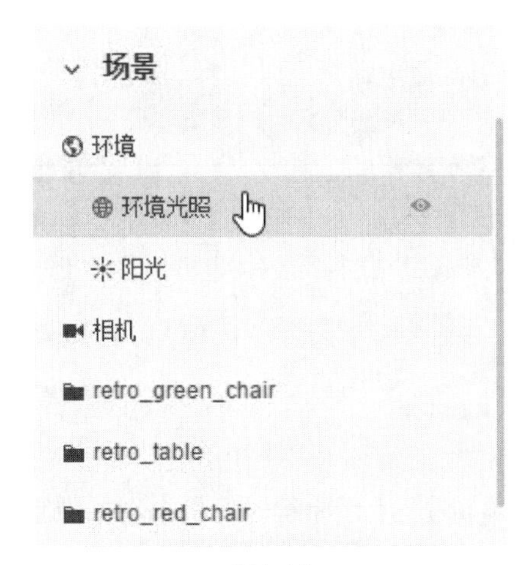

图1.14

5. 在【属性】面板中，把【强度】滑块向左拖动到 75% 左右，减少整个场景中的光照量，如图 1.15 所示。

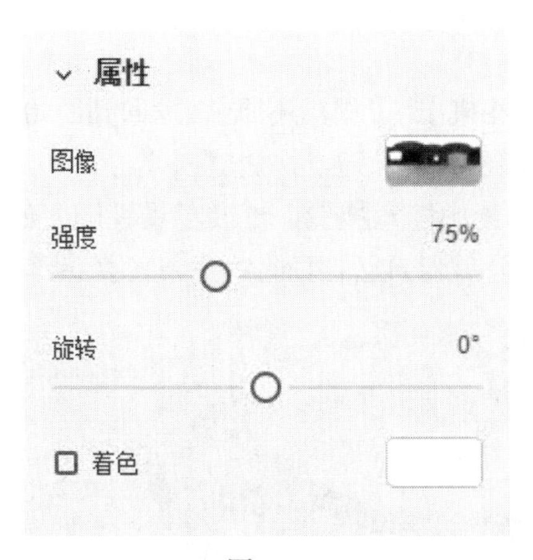

图1.15

6. 在【场景】面板中选择【阳光】。
7. 在【属性】面板中，把【强度】滑块向右拖动到 175% 左右，增加整个场景中的阳光强度。

1.5 相机

每个 Dimension 项目都有一个相机。可以使用环绕工具、平移工具、推拉工具、水平线工具操纵相机，以从不同角度、距离、视角观看 3D 场景。

1. 在工具面板中选择【选择工具】(键盘快捷键：V)。
2. 在画布中选择红色椅子，或者在【场景】面板中选择 retro_red_chair 对象。
3. 在【属性】面板中，把【旋转】下的 Y 值修改为 40°，按 Return 或 Enter 键。此时，红色椅子是绕着 Y 轴（纵轴）旋转的，如图 1.16 所示。

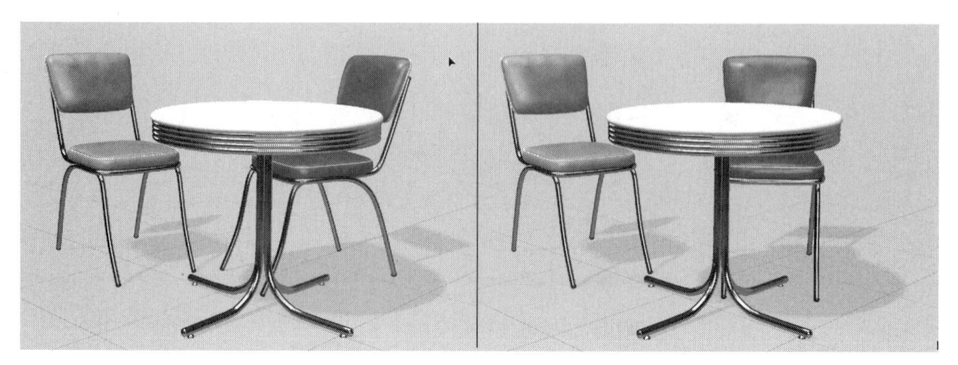

图1.16

4. 在菜单栏中依次选择【编辑】>【还原编辑场景】，撤销旋转。
5. 在菜单栏中依次选择【编辑】>【重做编辑场景】，重做旋转。

我们刚刚旋转了场景中一个真实的对象（红色椅子）。此时，它相对于场景中其他对象的朝向发生了变化。

6. 在【工具】面板中，选择【推拉工具】(键盘快捷键：3)。使用鼠标沿着屏幕向下拖动，使相机远离对象。
7. 在菜单栏中依次选择【相机】>【相机还原】，返回到原始视图下。
8. 在工具面板中选择【环绕工具】(键盘快捷键：1)。
9. 使用【环绕工具】在场景中随意拖曳，更改场景视图，如图 1.17 所示。通过相机镜头从不同角度观察模型，感觉就像自己在场景中飞来飞去一样。

图1.17

使用【环绕工具】旋转场景视图时，场景中对象之间的相对位置并不会发生变化，变化的只是观看模型的角度和距离。

> Dn **注意**：Dimension 中有两个撤销命令：【编辑】>【还原编辑场景】命令用来撤销对场景中所选对象的最后一次编辑；【相机】>【相机还原】命令用来撤销相机的最后一次运动。

10. 根据需要，在菜单栏中多次选择【相机】>【相机还原】命令，把场景恢复到最初视图下。

1.6 画布

到目前为止，我们在 3D 场景中的所有操作都是在一个大矩形中进行的，这个大矩形占据了大部分屏幕工作区（见图 1.18），这个矩形称为【画布】，我们也可以把它想象成一个【页面】。画布尺寸就是由 3D 对象创建的 2D 图像的实际尺寸。大多数时候，我们都不会改动画布，而是使其在屏幕上保持原样，然后使用相机工具在画布范围内更改场景视图。如果大家用过其他一些相关软件，会发现把画布看成 3D 场景的"视口"也挺合适的。

用惯了 Photoshop、Illustrator、InDesign 等 Adobe 设计软件，大家可能不想用相机工具来操纵画布视图。

图1.18

> Dn **提示**：可以这样来理解画布：相机工具（环绕工具、平移工具、推拉工具、水平线工具）用来操纵画布中场景的视图；缩放工具和抓手工具则用来操纵画布本身的视图。

Dn

提示：与 Adobe 的其他许多设计软件一样，可以使用 Command+ +/–（macOS）或 Ctrl+ +/–（Windows）组合键来放大或缩小画布；使用 Command+ 1（macOS）或 Ctrl+ 1（Windows）组合键使画布全尺寸（100%）显示；使用 Command+ 0（macOS）或 Ctrl+ 0（Windows）组合键使画布适合窗口显示。

1. 在【工具】面板中选择【缩放工具】（键盘快捷键：Z），单击画布，或者拖拉画布，将画布放大。
2. 在【工具】面板中选择【抓手工具】（键盘快捷键：H），拖动场景，在屏幕上移动画布。
3. 在【工具】面板中选择【缩放工具】（键盘快捷键：Z）。
4. 按下 Option（Mac）或 Alt（Windows）键，单击画布几次，将其缩小。
5. 在菜单栏中依次选择【视图】>【缩放以适合画布大小】，使画布适合窗口显示。

1.7 地平面

屏幕上的正方形网格代表 3D 场景中的地平面。场景中的对象一般都是基于地平面摆放的，这些对象可以悬浮在地平面之上，也可以埋在地平面之下。

1. 在菜单栏中依次选择【相机】>【切换到主视图】，确保相机视图恢复到本课最初状态。
2. 在【工具】面板中选择【选择工具】（键盘快捷键：V）。
3. 在【场景】面板中选择 retro_green_chair 对象。
4. 在【属性】面板中，把【旋转】下的 Z 轴值更改为 90°，按 Return 或 Enter 键。此时，绿色椅子绕着 Z 轴旋转 90°，使一半椅子埋入地平面之下，如图 1.19 所示。

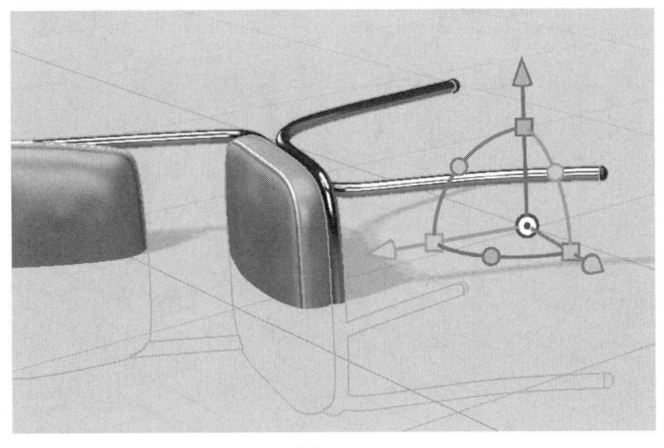

图1.19

5. 在菜单栏中依次选择【选择】>【取消全选】。
6. 在【工具】面板中选择【环绕工具】（键盘快捷键：1）。
7. 使用【环绕工具】在工作区中向下拖动，更改场景视图，改成从上往下俯视。

地平面上的网格线是深灰色，地平面是不透明的。也就是说，我们无法透过地平面看到地面之下的东西，如图 1.20 所示。

图1.20

8. 使用【环绕工具】沿屏幕向上拖动，直到看到整把绿椅子。此时，我们正从地平面下方观看场景，向上能看到桌子底部。

这时，我们可以看到整把绿椅子，包括地面之上和地面之下的部分，如图 1.21 所示。从地平面下方观看场景时，整个地平面是透明的，因此，可以透过它看到地平面之上的对象。

从地平面下方看网格线时，网格线是红灰色的。观看一个场景时，如果分不清当前是在地平面之上还是之下，可以通过网格线的颜色进行分辨。

图1.21

Dn

提示：在菜单栏中依次选择【视图】>【切换网格】，可以随时打开或关闭地平面上的网格。在【场景】面板中选择【环境】，然后在【属性】面板中单击【地面】右侧的开关按钮，可以显示或隐藏地面。

9. 在【工具】面板中选择【推拉工具】(键盘快捷键：3)，按下鼠标左键，沿着屏幕向下拖动，使相机远离对象。地平面无限大，相机可以移动到离对象很远的位置上。

10. 在菜单栏中依次选择【相机】>【切换到主视图】，将相机视图恢复到本课初始状态。

1.8 渲染预览

在 Dimension 中，只有渲染场景，才能准确得到有关对象表面、颜色、光照、阴影、反光的真实效果。渲染是一项 CPU 密集型且耗时的任务。渲染过程中，电脑会分析场景中对象之间、对象与背景、灯光的交互方式，然后准确地计算出对象的阴影、高光、表面细节和反光。

即便我们的电脑性能很强劲，一般也无法做到在编辑复杂场景的同时渲染它（实时渲染）。因此，通常都是在项目的最后阶段才进行渲染。不过，在 Dimension 中，当处理一个场景时，可以使用【渲染预览】功能来较为快速、准确地了解最终渲染的样子，其与实时渲染结果差别不大。

1. 在软件界面的右上角有一个【渲染预览】图标（![]），单击它。

稍等片刻（等待时间的长短取决于电脑性能），我们就会在屏幕上看到一个非常真实的场景。其中，灯光、阴影、反光尤其真实。

2. 在【工具】面板中选择【选择工具】(键盘快捷键：V)。
3. 在【场景】面板中选择 retro_green_chair。
4. 向左拖动绿椅子。拖动时，会发现渲染预览被暂时禁用。
5. 在菜单栏中依次选择【编辑】>【还原变换】，把椅子移回原位。
6. 在【属性】面板中，把【旋转】下的 Z 轴值更改为 0° ，按 Return 或 Enter 键，使修改生效。稍等片刻，会再次在渲染预览中看到场景的渲染效果，如图 1.22 所示。

图1.22

1.9 两种界面模式

Dimension 界面有两种模式：设计和渲染。在【设计】模式下，可以花大量时间集中精力创建和编辑 3D 场景。在【渲染】模式下，你可以把做好的场景进行高质量输出（像素级别）。本书会详细讲解这两种模式的方方面面。

1. 在屏幕的左上角，会看到【设计】文字之下有一条短横线，这表示当前处于【设计】模式下，如图 1.23 所示。当打开一个 Dimension 文件或新建文件时，Dimension 默认都会在【设计】模式下显示文件。

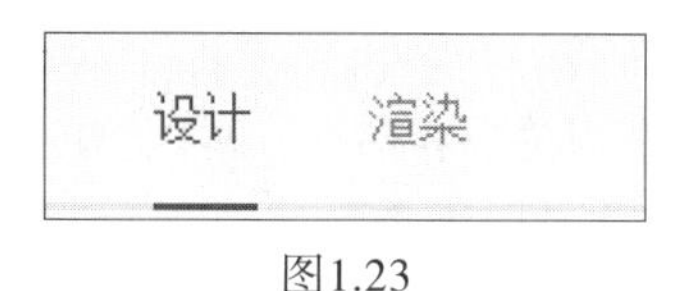

图1.23

2. 单击【渲染】，切换到渲染模式下。此时，3D 内容会从视图中消失，界面中所有工具和面板都用来控制渲染设置。

有关渲染的更多细节会在后续课程中讲解。这里只把本课中的示例文件渲染输出。

3. 在 Adobe Photoshop 中打开 Lesson_01_final_render.psd 文件，查看最终渲染效果，并将其与渲染预览窗口中的结果进行对比，如图 1.24 所示。

图1.24

Dn

注意： 可以随时随地在【设计】和【渲染】两种模式之间进行切换。虽然渲染一般是在项目的最终阶段进行，但是在项目的进展过程中，我们也可以随时渲染一下，看一看当前项目的样子。

4. 单击【设计】，切换到【设计】模式下，再次显示出 3D 内容。

1.10 获取帮助

在屏幕右上角有一个问号图标（?），单击它会打开一个面板，里面含【应用程序内学习】和【Web 上的资源】两块内容。通过相关内容链接，可以访问 Dimension 的在线帮助内容，包括教程、学习视频、键盘快捷键、精彩作品展示等。

1.11 复习题

1. 在 Dimension 中，可以同时打开几个文件?
2. 4 个相机工具有什么用?
3. 渲染模式有什么用?
4. 3D 对象所在的地面叫什么?

1.12 答案

1. 在 Dimension 中，一次只能打开一个文件。在一个文件处于打开的状态下，再打开一个文件时，第一个文件就会被关闭。
2. 4 个相机工具（环绕工具、平移工具、推拉工具、水平线工具）都用来改变场景视图。借助这些工具，可以从不同视角、距离、视点观看场景。
3. 渲染模式用来创建最终场景，这些场景拥有真实准确的光照、阴影、反光、材质、表面属性。当编辑复杂场景时，电脑无法做到实时渲染，所以需要在做完场景后在渲染模式下单独进行渲染。
4. 3D 场景中的假想“地面”叫【地平面】。

第2课　设计模式

本课概览

本课中，我们将一起从零开始创建一个简单的3D场景，涉及如下内容：

- 新建项目，以及指定画布尺寸；
- 更改背景属性；
- 导入初始资源；
- 变换3D对象；
- 向对象应用材质；
- 调整光照；
- 渲染场景并生成可在其他程序中使用的文件。

学完本课大约需要45分钟。开始学习之前，请先在数艺设社区将本书的课程资源下载到本地硬盘中，并进行解压。

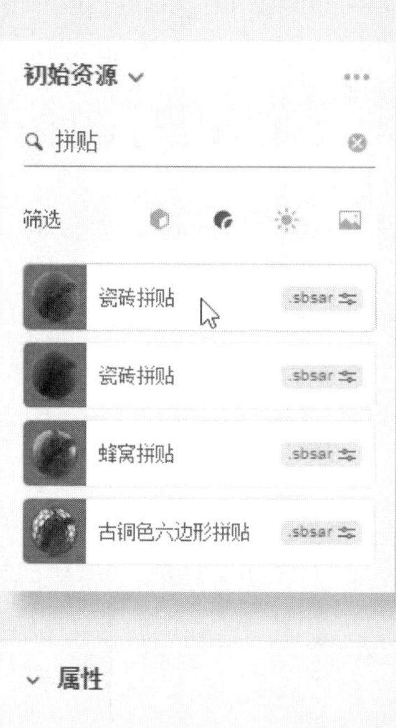

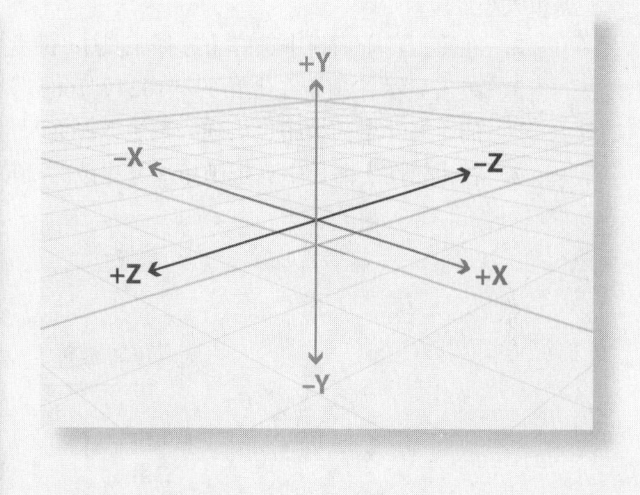

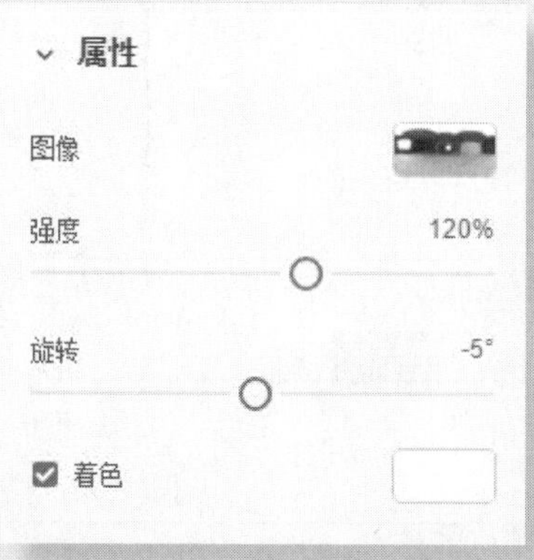

在 Dimension 中，大部分时间都是在【设计】模式下工作。在【设计】模式下，可以自由地定位、缩放、旋转模型，向模型表面应用材质，以及调整模型的光照和反光等。

2.1 新建项目

在 Dimension 中从零开始新建一个项目很简单，只要从菜单栏中依次选择【文件】>【新建】菜单即可。

1. 在菜单栏中依次选择【文件】>【新建】菜单，新建一个文档。若当前有文件处于打开状态，则 Dimension 会将其关闭。若文件尚未保存，Dimension 会弹出提示，要求先保存再关闭。

新建文件时，Dimension 不会询问有关页面大小或文件大小的信息，但我们的确可以自行指定画布大小。

2. 在【工具】面板中选择【选择工具】(键盘快捷键：V)。
3. 单击显示在画布左上角的“1024×768px”字样。此时，画布处于选中状态，在界面右侧的【属性】面板中，出现一些更改画布尺寸的选项。
4. 在【属性】面板中，把画布尺寸更改为 3000px（宽度）与 2000px（高度），如图 2.1 所示。

图2.1

注意： 画布的宽度与高度具体设置成多少，取决于最终渲染图的用途。如果最终渲染图只是用在网页中，那最后使用较低的分辨率进行输出即可，例如 600 像素 ×600 像素可能就足够了。如果最终渲染图要印成杂志封面，那就需要把画布尺寸设置为 4000 像素 ×4000 像素，或者更高。如果想得到有关画布尺寸的更多信息，建议咨询一下 Web 开发人员或合作印厂，他们会告诉你一个准确的尺寸。

> Dn **提示：**画布尺寸会对渲染时间产生显著影响。需要用多大，就把画布设置成多大，切勿随意设置。

5. 在菜单栏中依次选择【视图】>【缩放以适合画布大小】，使整个画布在当前窗口中完全显示出来。

2.2 更改背景颜色

默认情况下，场景背景是白色的。其实可以把背景颜色改成其他任意颜色。

1. 在【场景】面板中选择【环境】。
2. 在【属性】面板中，单击【背景】右侧的颜色框，在【颜色】面板中，把 RGB 值分别更改为 135、165、161，把背景颜色更改为绿色，如图 2.2 所示。

图2.2

3. 更改完成后，在【颜色】面板之外的任意地方单击，关闭【颜色】面板。
4. 在菜单栏中依次选择【文件】>【存储】，输入文件名，选择一个位置保存，方便以后使用。

注意：Dimension 文件的扩展名是 .dn。在我们使用的操作系统下，能不能看见这个扩展名，取决于操作系统的设置。

2.3 使用初始资源

Dimension 自带了许多初始资源，包括各种 3D 模型、材质、灯光、背景图像等，可以在创建 3D 场景时使用它们。此外，还可以使用来自于 Adobe Stock、Creative Cloud 库的内容，或使用自己导入的 3D 模型和 2D 图像来合成场景。本课将学习如何使用 Dimension 自带的初始资源。

1. 单击屏幕左下角的【内容】按钮（▣），在屏幕左侧打开【内容】面板，再次单击【内容】按钮，可把【内容】面板隐藏起来。

【内容】面板列出了一些可以在场景中使用的内容，包括 3D 模型、材质、灯光、图像等。

2. 若【初始资源】未在【内容】面板顶部显示出来，请从面板顶部的菜单中，选择【初始资源】，如图 2.3 所示。

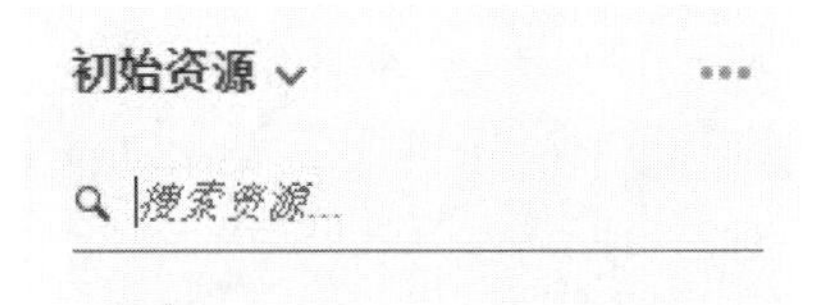

图2.3

3. 在【更多】图标（⋯）中，单击【切换列表 / 网格视图】，可切换面板显示方式（有列表与网格两种视图）。这里，我们切换到列表视图下。
4. 单击面板顶部的【模型】图标（⬢），仅在面板中显示模型。
5. 在搜索框中输入“平面”。

面板中显示出名称中包含“平面”的资源。

6. 单击【平面】，将其放入场景中，如图 2.4 所示。

图2.4

> Dn **注意：**在初始资源中，单击一个模型后，Dimension 总是会把这个模型放到场景中心的“零点”上。而后，就可以根据需要把模型移动到场景中的任意一个位置。

7. 在搜索框中输入“管道”。
8. 单击【半管道】，将其放入场景中，如图 2.5 所示。

图2.5

9. 在搜索框中输入“球体”。
10. 单击“球体”，将其放入场景中，如图 2.6 所示。

图2.6

此时，场景中有 3 个模型，它们都在同一个位置上，重叠在一起，如图 2.7 所示。接下来，我们来解决这个问题。

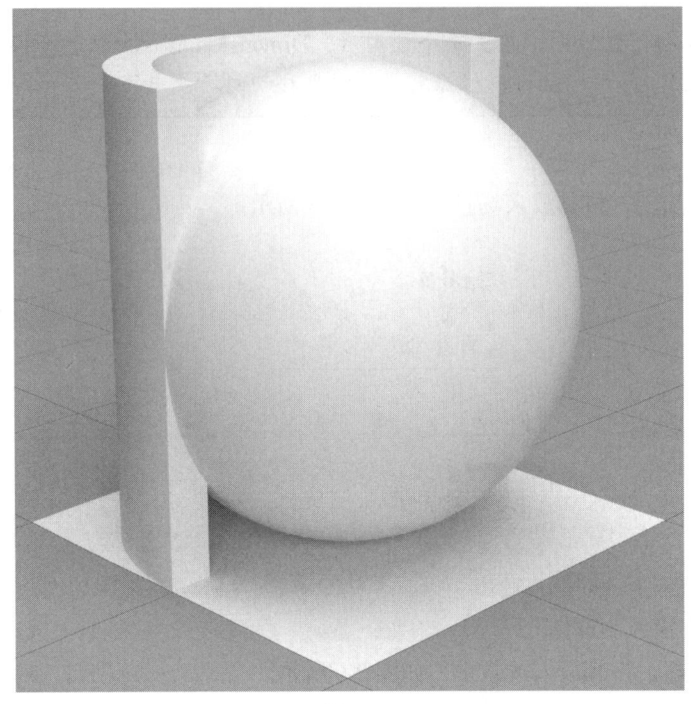

图2.7

2.4 选择与变换对象

在【场景】面板中，可以很容易地搞清楚一个场景是由哪些部分组成的，而且还可以很容易地选中特定组成部分。选中一个模型后，可以使用【选择工具】和【属性】面板轻松地移动、缩放、旋转模型。下面让我们重新整理一下场景中的模型。

2.4.1 缩放对象

【选择工具】不仅可以用来选取对象，还可以用来移动、旋转、缩放场景中的对象。

1. 在【工具】面板中双击【选择工具】。
2. 若【与场景对齐】选项处于开启状态，则将其关闭。有关该选项的更多内容，会在稍后讲解。
3. 在【场景】面板中选择【平面】模型。此时在画板中，平面模型周围出现蓝色框线，指示当前该模型处于选中状态。

3D坐标轴

许多2D设计软件中都有X轴和Y轴，相信大家也很熟悉这两种坐标轴。在2D空间中，对象沿着X轴左右移动，沿着Y轴上下移动。而在3D空间中，除了X轴与Y轴之外，还有第三个坐标轴——Z轴，对象沿着Z轴移动时会靠近或远离我们。

这很容易理解和想象，但是在Dimension中有一点需要特别注意，那就是在默认视角下，X轴和Y轴都偏离中心，也就是说，我们总是在特定角度上观察对象。当沿着Z轴把一个对象朝着我们移动时，这个对象本身同时也沿着屏幕从右向左移动。刚开始，这可能会有点懵，习惯了就好。

图2.8是3D坐标轴在Dimension默认视图中的样子。在该图中，视图稍稍偏离中心，这样当对象沿Z轴移动时，我们会更容易地观察到，但是刚开始时，可能会有点不习惯。

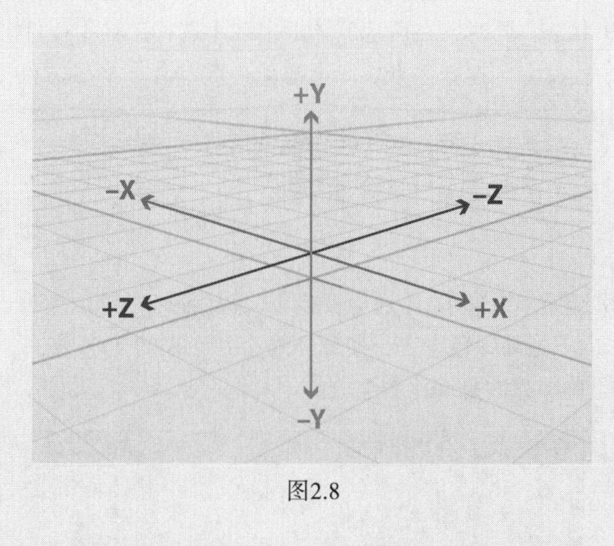

图2.8

注意：在 Dimension 中，我们不太关注测量的准确度和选用的测量单位，我们主要关心的是场景中模型之间的相对尺寸。但是，在以特定尺寸导入与导出模型时，测量尺寸就变得很重要，尤其是在根据实物确定模型大小时，必须确保测量尺寸的准确性。

4. 在【属性】面板的【大小】下，把 X、Y、Z 值分别设置为 100 厘米、0 厘米、200 厘米，加大平面模型，如图 2.9 所示。

大小
X 100 厘米 Y 0 厘米 Z 200 厘米

图2.9

5. 在【场景】面板中，把鼠标置于【平面】之上，单击右侧的锁形图标（ ），将其锁定，如图 2.10 所示。这样，在使用场景中的其他模型时，就不会误选到平面模型了。

图2.10

6. 在【场景】面板中选择【球体】模型。此时，画布中的球体模型周围出现蓝色框线，表示当前其处于选中状态。同时，在所选球体上出现【选择工具】控件。
7. 在【选择工具】控件上，把绿色方块向下拖动一点，沿着 Y 轴方向把球体略微压扁一些。

Dn **注意：**选择【选择工具】后，若【与场景对齐】选项处于开启状态，则只能等比例缩放对象。若【与场景对齐】选项处于关闭状态，缩放时同时按下 Shift 键，可实现等比例缩放。

8. 在菜单栏中依次选择【编辑】>【还原变换】，撤销刚才的缩放变换。
9. 按住 Shift 键，向下拖动绿色方块，使球体缩小到原来的 20% 左右，如图 2.11 所示。按住 Shift 键的目的是确保缩放是等比例缩放。

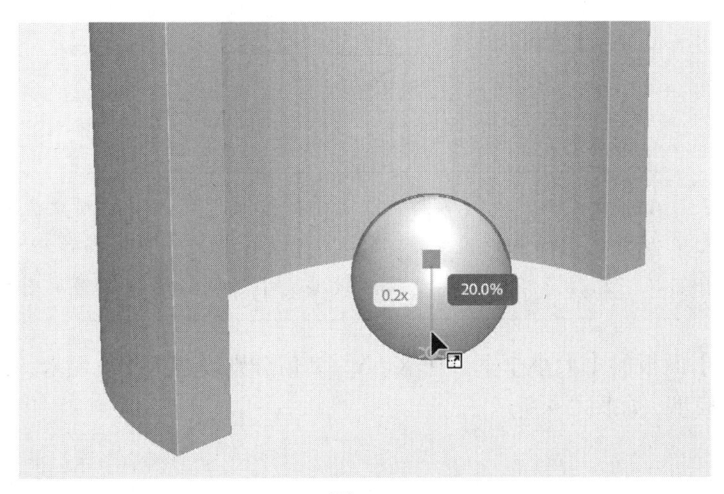

图2.11

Dn

注意：与其他大多数 Adobe 设计软件一样，在 Dimension 中，撤销的组合键也是 Command+Z（macOS）或 Ctrl+Z（Windows）。

2.4.2 旋转对象

【选择工具】不仅可以用来缩放对象，还可以用来旋转对象。

1. 单击画布中的【半管道】模型，将其选中。
2. 按下 Shift 键，沿顺时针方向拖动【选择工具】控件上的蓝圆圈，直到画布中显示为“Z: −90° ”，或者【属性】面板中【旋转】下的 Z 轴值变为 −90° 时，停止拖动，如图 2.12 所示。按住 Shift 键拖动旋转时，每次旋转 15° 。

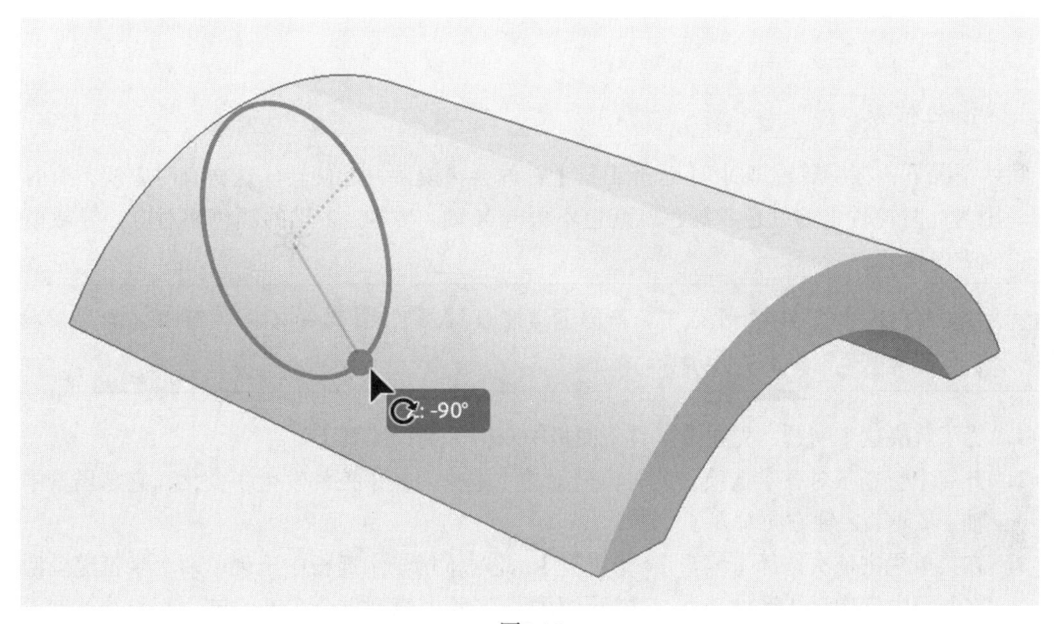

图2.12

Dn

注意：在【工具】面板中双击【选择工具】，在弹出的面板中，还有另外 3 个工具可选，分别是【移动工具】【旋转工具】【缩放工具】。虽然可以完全使用【选择工具】来移动、缩放、旋转模型，但是使用【移动工具】【旋转工具】【缩放工具】3 个工具分别做移动、缩放、旋转操作时，会有更多一些功能，这些功能在某些情况下非常有用。例如，使用【移动工具】时，可以使对象同时沿着两个坐标轴移动。

3. 在菜单栏中依次选择【对象】>【移动到地面】，使旋转后的模型底部位于地平面上，如图 2.13 所示。

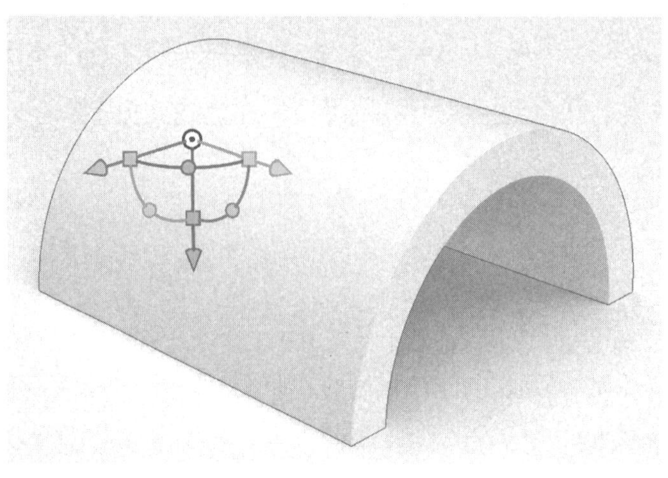

图2.13

2.4.3 移动对象

默认情况下，在旋转模型时，【选择工具】控件会与模型一起旋转。这样有时方便，有时又不方便。因为此时控件上的红色、绿色、蓝色不再与X轴、Y轴、Z轴的颜色相对应，导致模型无法按正确方向移动。

> **提示：**在某个对象处于选中的状态下，按Q键，可使【选择工具】控件在【与场景对齐】与【与模型对齐】之间切换。

1. 为了解决这个问题，先在【工具】面板中双击【选择工具】。
2. 开启【与场景对齐】选项。此时模型上的【选择工具】控件发生了变化，它与场景中的X轴、Y轴、Z轴方向对齐了。
3. 在菜单栏中依次选择【编辑】>【重复】。此时【场景】面板中出现了两个半管道模型，但在画布中好像只能看见一个，这是因为两个半管道模型重合在了一起。
4. 向右拖动蓝色箭头，使两个半管道模型并肩而立，且略微重叠，如图2.14所示。

> **提示：**每个箭头只允许在单个方向（X轴、Y轴、Z轴）上移动对象。有时，我们想同时在X轴和Z轴两个方向上移动对象。换句话说，我们希望在地平面上自由地移动对象，同时不允许它上下移动。为此，可以通过抓住模型表面而非箭头来移动模型。这样，在移动模型时，可以同时沿着X轴和Z轴方向移动模型。

5. 在【场景】面板中选择【相机】。
6. 有关改变相机视角的内容，将在另外一课中详细讲解。这里，我们只在【属性】面板中输入一些值，以从不同角度观看模型。在【属性】面板的【位置】下，把X值、Y值、Z值分别设置为70厘米、25厘米、−9厘米，如图2.15所示。

18.0 cm
Z: -18.0 cm

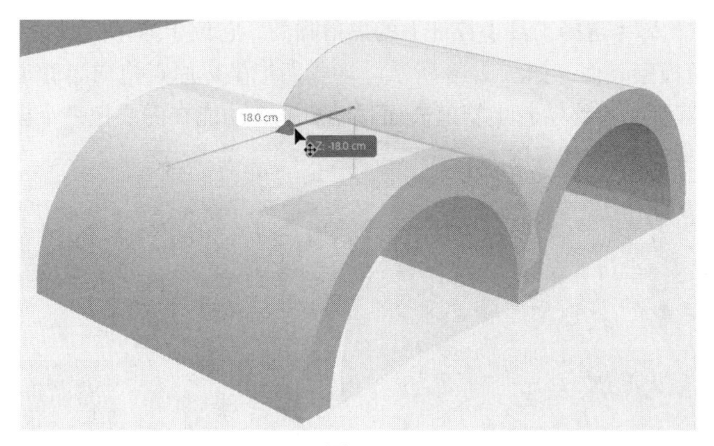

图2.14

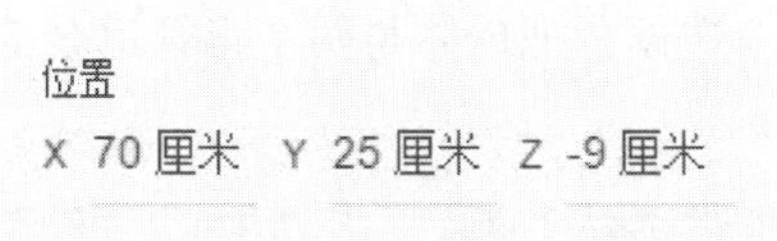

位置
X 70 厘米
Y 25 厘米
Z -9 厘米

图2.15

这会改变画布位置，使得我们只能看见平面模型。

7. 在【属性】面板的【旋转】下，把 X 轴、Y 轴、Z 轴的值分别设置为 0° 、90° 、13° ，如图 2.16 所示。经过旋转之后，可以直接看到半管道模型。

旋转
X 0°
Y 90°
Z 13°

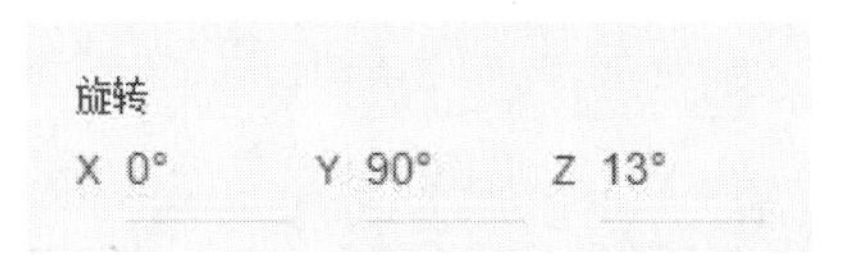

图2.16

8. 单击画布中的球体模型，或者在【场景】面板中选择【球体】，将其选中。

9. 向上拖动绿色箭头，使球体位于半管道模型之上，如图 2.17 所示。

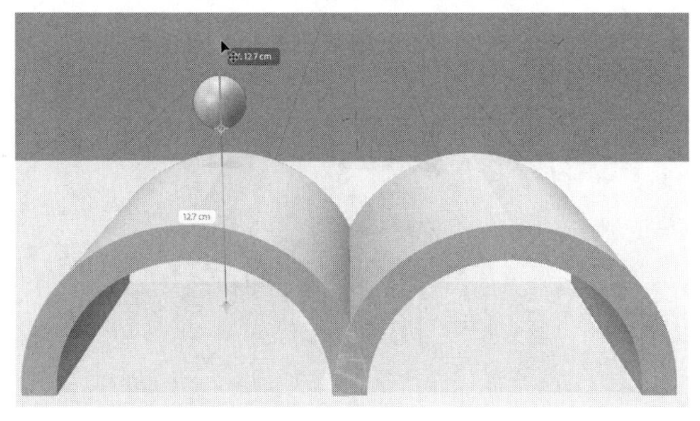

图2.17

10. 将坐标原点（即【选择工具】控件上的黑白圆圈，它位于球体模型底部）向下拖动，使其位于半管道模型表面，如图 2.18 所示。当我们把坐标原点拖向半管道表面时，坐标原点（即球体最底部）始终贴着半管道表面移动。这个功能在需要把一个模型准确移动到另外一个模型的表面时非常有用。

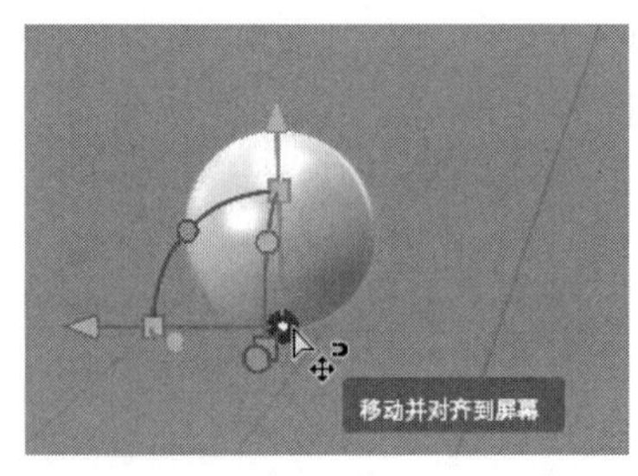

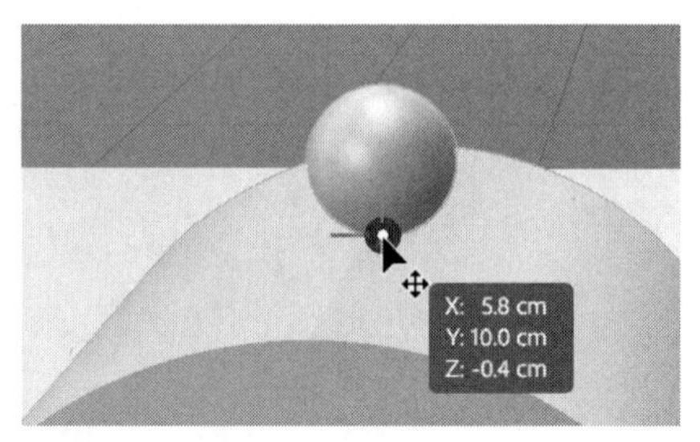

图2.18

11. 按下鼠标左键，拖出一个选框，把球体与两个半管道全部包含进去，这样可以同时选中 3 个模型，如图 2.19 所示。

图2.19

12. 在菜单栏中依次选择【相机】>【构建选区】，让 3 个模型充满整个屏幕。

13. 在菜单栏中依次选择【选择】>【取消全选】。

14. 选择【环绕工具】(键盘快捷键：1)。

15. 稍微向右下拖动，使相机角度略微发生偏移，如图 2.20 所示。

图2.20

2.5 向模型应用材质

当向场景中导入一个 3D 模型时，会同时导入该模型创建时所应用的材质。在把模型导入 Dimension 中后，可以继续调整材质属性，或者为模型指定其他材质。本课将简单介绍材质，更多相关内容将在后续课程中详细讲解。

1. 使用【选择工具】选择一个半管道模型。
2. 按住 Shift 键，单击另外一个半管道模型，也将其选中。请注意，按下 Shift 键可以同时选中多个模型。
3. 在屏幕左侧的【内容】面板中，单击搜索框右侧的 X 图标（⊗），清空之前输入的搜索关键词。
4. 单击【材质】图标（ ），仅在面板中显示材质。
5. 单击面板右上角的【更多】图标（⋯），选择【切换列表 / 网格视图】，以列表形式显示材质，如图 2.21 所示。

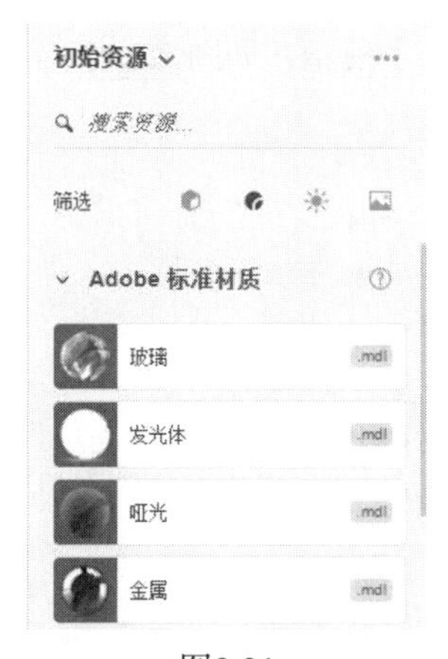

图2.21

6. 在列表中尝试选择不同材质，把它们应用到半管道模型上。
7. 在搜索框中输入“混凝土”，选择【开裂混凝土】，将其应用到半管道模型表面，如图 2.22 所示。

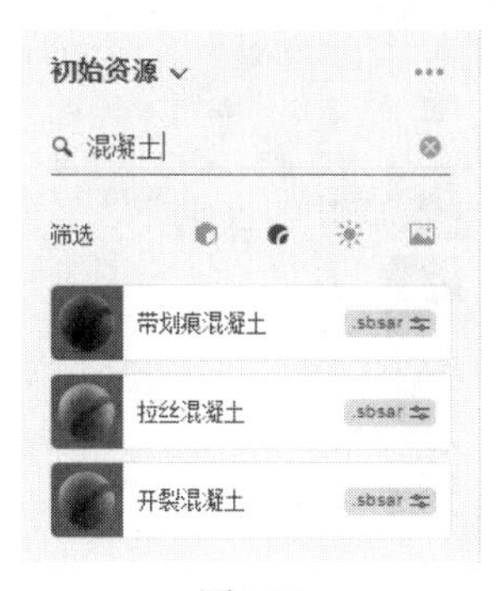

图2.22

8. 选择【球体】模型。
9. 在搜索框中输入“金属”，选择【金属】，将其应用到球体模型表面，如图 2.23 所示。

图2.23

10. 在菜单栏中依次选择【选择】>【取消全选】。
11. 在【场景】面板中单击【平面】右侧的锁头图标（），解除【平面】模型的锁定状态。
12. 在【场景】面板中选择【平面】模型，如图 2.24 所示。

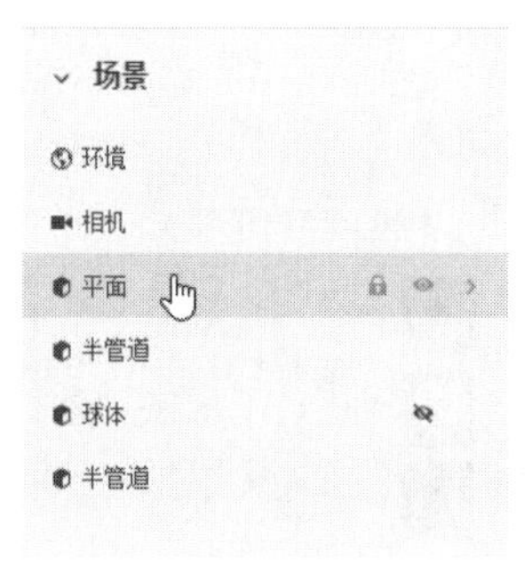

图2.24

13. 在搜索框中输入“拼贴”，选择【瓷砖拼贴】，将其应用到平面模型的表面上，如图 2.25 所示。

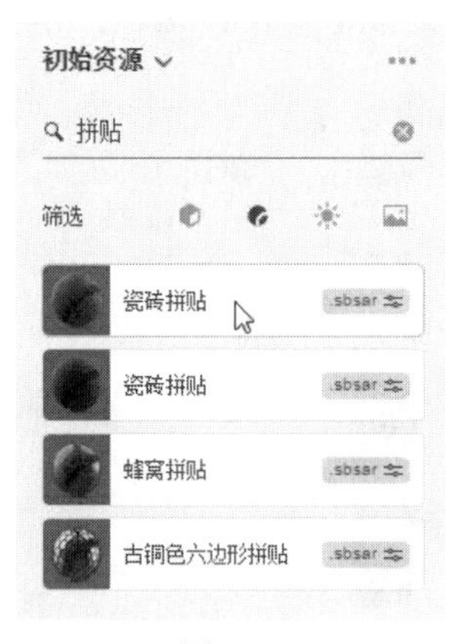

图2.25

14. 在【属性】面板中，在【位移】下把【旋转】设置为 30°，如图 2.26 所示。

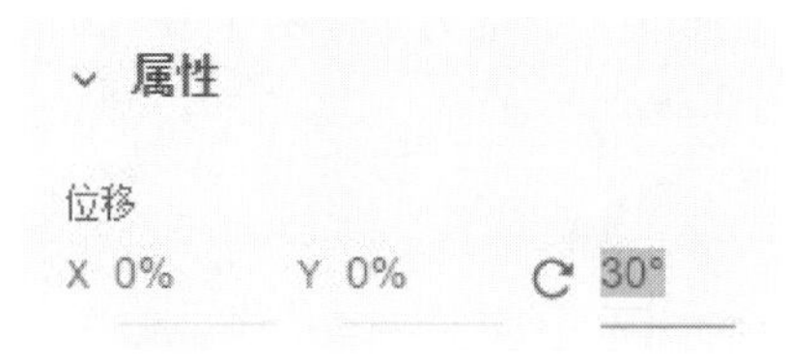

图2.26

15. 在【属性】面板中，把【拼贴数量】修改为 50，如图 2.27 所示。

图2.27

16. 在菜单栏中依次选择【选择】>【取消全选】，取消选择平面模型。

17. 单击【渲染预览】图标（），查看场景的最终渲染效果，如图 2.28 所示。学习本课接下来的内容时，可以一直让【渲染预览】处于打开状态。

图2.28

2.6 调整光照

Dimension 场景中包含两种不同类型的照明：环境光与定向光。环境光是指场景周围的环境光线。定向光可以添加到环境光中，也可以代替环境光，能够产生很强的阴影和反光。在 Dimension 中，可以使用多种方法来定制这两种灯光。

2.6.1 调整环境光

本课将学习调整环境光位置和颜色的方法。

1. 在【场景】面板中选择【环境】。

2. 在【环境】下选择【环境光照】。
3. 在【属性】面板中，把【强度】设置为 120%,【旋转】设置为 −5°，让灯光更亮一些，并且向右移动一点，如图 2.29 所示。

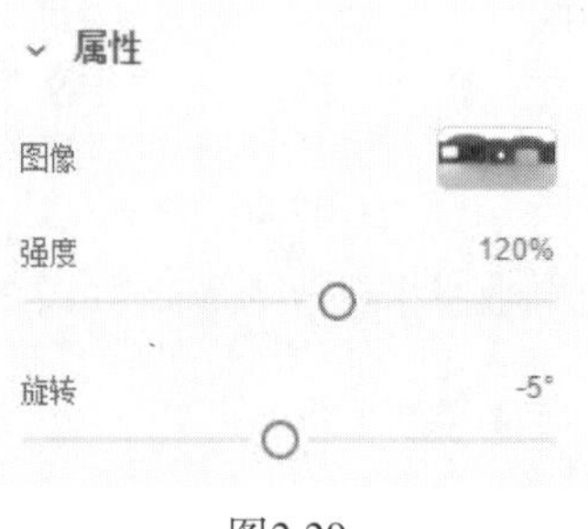

图2.29

4. 在【属性】面板中勾选【着色】选项。
5. 默认情况下,【着色】选项被设置为白色。单击右侧的颜色框，输入一组 RGB 颜色值（255, 255, 232），选择一种颜色（淡黄色），将其应用到环境光中，如图 2.30 所示。选好颜色后，在拾色器之外单击，将其关闭。

图2.30

2.6.2 添加日光

下面，向场景中添加一个定向光来模拟日光效果。有关照明的更多内容，将在另外一课中详细讲解。

1. 在屏幕左侧的【内容】面板中，单击搜索框右侧的 X 图标（⊗），清空之前输入的搜索关键词。
2. 单击【光照】图标（☀），仅在面板中显示灯光。
3. 选择【阳光】，将其添加到场景中，模拟太阳光，如图 2.31 所示。

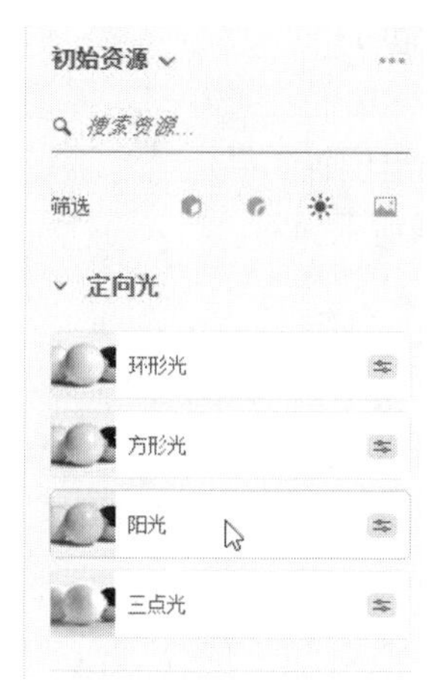

图2.31

4. 在【属性】面板中，把【旋转】值设置为 −33°，【高度】值设置为 14°，【混浊度】设置为 30%，如图 2.32 所示。

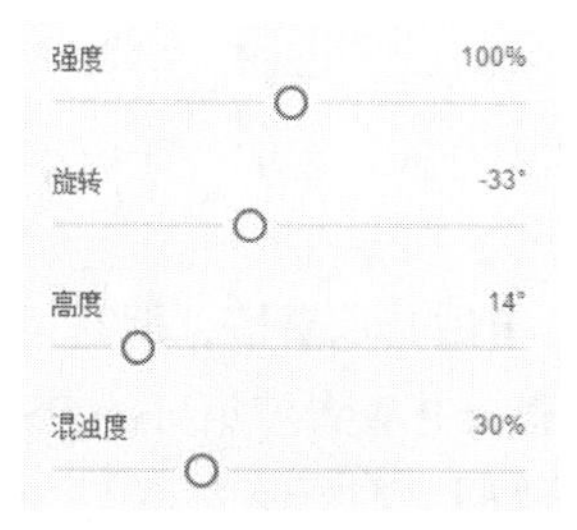

图2.32

5. 在菜单栏中依次选择【文件】>【存储】，保存项目文件。

2.7 场景渲染

我们在 Dimension 中做的所有处理都会被保存到一个 Dimension 文件中。这个文件无法在 Photoshop、InDesign、Illustrator 中打开，也无法将其送到彩色打印机中打印。我们必须把场景渲染一下，并将其存储成通用格式，这样才能在不同情境下使用它。本课先简单介绍场景渲染，有关渲染的更多内容，将在后续课程中讲解。

1. 单击屏幕左上角的【渲染】选项卡，如图 2.33 所示。

图2.33

2. 在【渲染设置】下有各种渲染设置。
3. 输入【导出文件名】。

4. 在【质量】下选择【低（速度快）】。
5. 在【导出格式】下选择【PSD（16 位 / 通道）】。
6. 在【存储至】中，指定一个导出位置。
7. 单击【渲染】按钮，如图 2.34 所示。

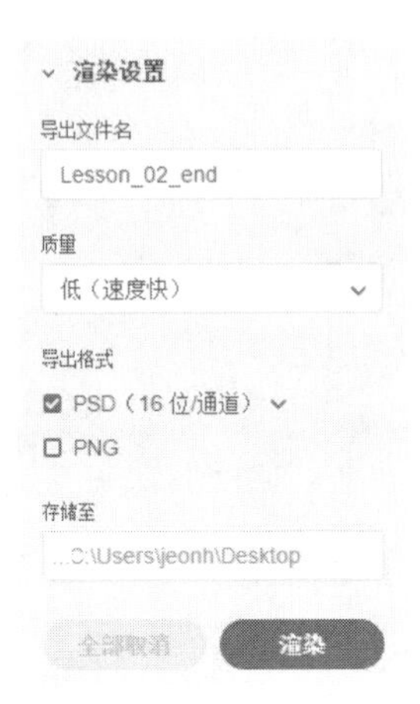

图2.34

8. 耐心等待渲染完成。整个渲染用时的长短取决于电脑配置。渲染是一项耗时的工作，请保持足够的耐心。

渲染期间，我们无法在 Dimension 中做其他事情，但是可以正常使用其他软件。

9. 渲染完成后，在 Photoshop 中打开并查看渲染好的 PSD 文件。
10. 在 Photoshop 中依次选择【图像】>【图像大小】，可以看到渲染好的 PSD 文件的尺寸为 3000 像素 ×2000 像素，这是我们在项目开始时指定好的画布尺寸。
11. 在 Photoshop 中放大图像，可以看到图像中包含许多噪点，在阴影区域尤其明显，如图 2.35 所示。这是因为在渲染设置的【质量】下选择了【低（速度快）】。当选择【高（速度慢）】时，渲染质量更高，但耗时更长。

图2.35

2.8　复习题

1. Dimension 文件的扩展名是什么？
2. 在 Dimension 中，何时何处指定画布尺寸？
3. 何时向场景中添加【初始资源】，添加之后，该资源位于场景中的哪个位置？
4. 沿着 Z 轴移动对象时，对象会向哪个方向移动？
5. 旋转 3D 模型的方法有哪两种？
6. Dimension 中有哪两种灯光？

2.9　答案

1. Dimension 文件的扩展名是 .dn。
2. 创建好项目文件之后，在【属性】面板中指定画布大小。
3. 向场景中添加初始资源后，该初始资源将出现在场景中心位置上（X=0，Y=0，Z=0）。
4. 在 Dimension 的默认相机视图下，沿 Z 轴移动一个对象时，该对象将靠近或远离相机。
5. 使用【选择工具】选择模型，然后在【属性】面板中输入旋转值，或者拖动【选择工具】控件上的圆圈。
6. 环境光与定向光。

第3课　使用相机更改场景视图

本课概览

本课中，我们将学习如何操纵现有 3D 场景的视图，涉及如下内容：

- 如何使用环绕工具、平移工具、推拉工具、水平线工具；
- 何时以及为何使用相机工具；
- 如何使用书签保存相机视图；
- 在场景中如何模拟相机景深。

学完本课大约需要 45 分钟。开始学习之前，请先在数艺设社区将本书的课程资源下载到本地硬盘中，并进行解压。

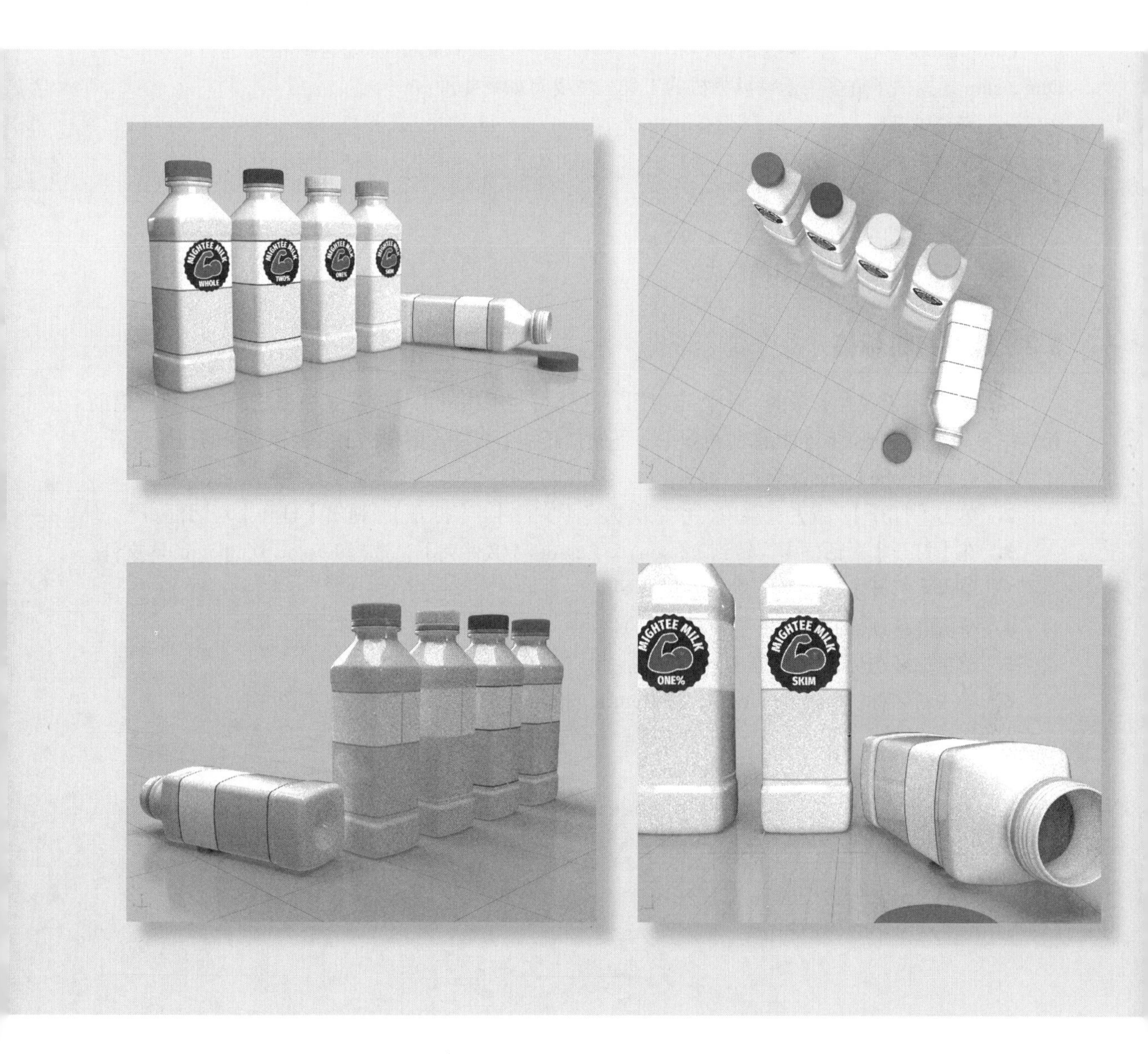

在 Dimension 中，可以使用相机工具自由地变换场景视图，以便从不同角度和透视点观察场景。

3.1 相机是什么

合成一个 3D 场景时，经常需要从不同角度来检查场景。例如，在把一个花瓶放到桌面上时，可能需要让视平线与桌面在同一高度上，这样才能看到花瓶何时恰好贴合到桌面上。若从桌面上方往下看，则很难判断花瓶到底是“漂浮”在桌面上，还是实实在在地落在了桌面上。

Dimension 中有一个虚拟相机，我们观看任何一个场景都是通过这个相机进行的。此外，Dimension 还提供了许多用于操纵相机的工具，主要有如下 4 种：

- 环绕工具；
- 平移工具；
- 推拉工具；
- 水平线工具。

本课将详细讲解这些工具的用法。

3.2 保存相机标签

相机书签用于保存场景的一个特定视图，这样当使用相机工具改变了视图之后，就可以借助相机书签轻松快速地返回到之前的视图下。下面打开一个文件，用相机书签保存场景的初始视图。

1. 启动 Adobe Dimension。
2. 单击【打开】，或者在菜单栏中依次选择【文件】>【打开】，弹出【打开】对话框。
3. 在【打开】对话框中，转到 Lessons > Lesson03 文件夹下，选择 Lesson_03_begin.dn 文件，单击【打开】按钮。
4. 单击屏幕顶部的相机书签图标（）。
5. 单击加号图标（+），新建一个书签。
6. 输入新名称“Starting view”，按 Return 或 Enter 键，重命名书签，如图 3.1 所示。

图3.1

3.3 使用【环绕工具】

顾名思义，环绕工具允许用户环绕查看整个场景，也就是允许用户从任意角度查看整个场景。在 Dimension 中，可以朝上、朝下，或者沿顺时针方向、逆时针方向查看场景，甚至还可以把相机移动到地平面之下，自下而上观看场景。可以把地平面想象成湖中的冰层，借助环绕工具，可以潜入湖中，把相机朝上对准冰面之上的场景，透过透明的冰层来观看整个场景。

1. 在【工具】面板中选择【环绕工具】(键盘快捷键：1)。
2. 在屏幕上从左向右拖动，沿逆时针方向观看场景。
3. 在菜单栏中依次选择【相机】>【相机还原】，回到到初始视图下。
4. 在屏幕上从右向左拖动，沿顺时针方向观看场景。
5. 沿着屏幕自下而上拖动，从地面之下往上观看场景。

上一课中提到，从上往下看，地平面上的网格线是黑色的；从下往上看，地平面上的网格线是红色的。也就是说，我们可以根据网格线的颜色来判断当前是在地平面之上还是之下。如果看到的网格线是红色的，则表明当前正从地平面（地面）之下往上看；若看到的网格线是黑色的，则表明正从地面之上往下看。

提示： 不管当前是什么工具，按下鼠标右键，即可将其临时切换成【环绕工具】，当然前提是使用的鼠标要支持左右键。

6. 单击屏幕顶部的相机书签图标（）。
7. 单击“Starting view”，使场景返回到初始视图下。

3.3.1 使用【环绕工具】检查场景

在精确对齐对象时，往往需要使用环绕工具来改变场景视图，以便检查对象是否真的对齐了。

1. 使用【环绕工具】拖动场景视图，使几个牛奶瓶模型正对我们，如图 3.2 所示。

图3.2

2. 在菜单栏中依次选择【相机】>【构建选区】，该命令会自动操纵相机，使场景中的所有模型居于屏幕正中，并填满整个屏幕。

3. 单击【相机书签】图标（ ）。
4. 单击加号图标（+），新建一个书签。
5. 输入“Front view”，按 Return 或 Enter 键，更改默认书签名称，如图 3.3 所示。

图3.3

在正面视图下可以清晰地看到，红蓝盖两个牛奶瓶之间的距离要比其余牛奶瓶之间的距离大得多。接下来，我们一起解决这个问题。

6. 选择【选择工具】(键盘快捷键：V)。
7. 在【场景】面板中单击“Whole milk – red”模型，选中场景中盖红盖的牛奶瓶。在【场景】面板中选择红盖牛奶瓶，可以确保选中的是整个瓶子，而非只选了瓶身或瓶盖。
8. 向右拖动蓝色箭头，调整红盖牛奶瓶与蓝盖牛奶瓶之间的距离，使其与其他瓶子之间的距离相同，如图 3.4 所示。

图3.4

9. 选择【环绕工具】(键盘快捷键：1)。
10. 使用【环绕工具】拖动场景视图，将其调整到左视图下，即让几个牛奶瓶排成一条直线，如图 3.5 所示。

Dn **提示**：使用【环绕工具】拖动场景视图时，同时按住 Shift 键，可确保环绕运动沿垂直方向或水平方向进行。

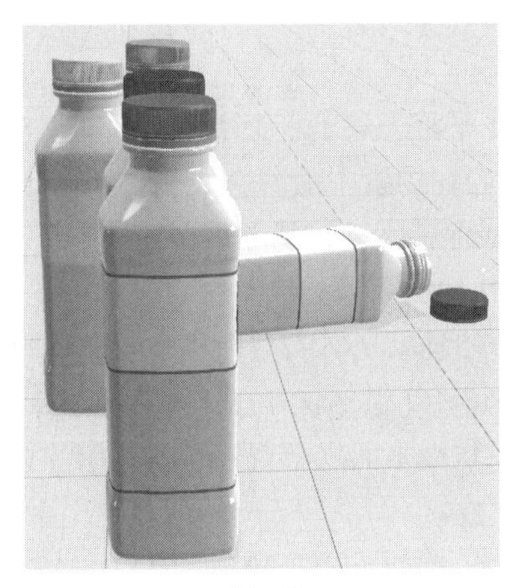

图3.5

11. 单击【相机书签】图标（![icon]）。

12. 单击加号图标（+），新建一个书签。

13. 输入“Left end view”，按 Return 或 Enter 键，更改默认书签名称。

在左视图下，可以看到有一个直立的瓶子没有与其他几个瓶子站在一条直线上。接下来，我们一起解决这个问题。

14. 选择【选择工具】（键盘快捷键：V）。

15. 在【场景】面板中单击“1 percent – yellow”模型，将其选中。

16. 向右拖动红色箭头，使红盖瓶子与其他几个瓶子对齐，如图 3.6 所示。

图3.6

17. 单击【相机书签】图标（![icon]）。

18. 单击“Starting view”，使场景视图返回到初始视图下。

3.4 使用【平移工具】

在 Dimension 中，可以使用【平移工具】来上下左右移动相机。相机的平移与环绕不一样。当从右向左平移相机时，就像是我们在场景中沿着直线从左向右走，而且走的是直线而非曲线。当沿着屏幕自上而下平移时，地平线保持不动，就像是在场景中自下而上爬一架梯子。

1. 选择【平移工具】(键盘快捷键：2)。
2. 沿着屏幕自右向左拖动，使场景从右向左平移。
3. 单击【相机还原】图标（ ）(该图标位于【相机书签】图标左侧)，返回到初始视图下。
4. 沿着屏幕自下而上拖动，从地平面之下观察场景。请注意，在垂直平移时，虚拟地平线在屏幕上的位置始终保持不变。

提示：使用三键鼠标（在三键鼠标中，中键是滚轮，而且可以像按按键一样被按下）时，按下鼠标中键，可将当前工具临时切换成【平移工具】，拖动即可平移相机。

5. 单击【相机书签】图标（ ）。
6. 单击“Front view”，使场景返回到正视图下。
7. 选择【选择工具】(键盘快捷键：V)。
8. 在【场景】面板中单击“Whole milk – red”模型，将其选中。
9. 从菜单栏中依次选择【相机】>【构建选区】。
10. 此时，Dimension 会调整相机位置，使红盖牛奶瓶居于屏幕正中位置。
11. 选择【平移工具】(键盘快捷键：2)。
12. 沿着屏幕自右向左拖动，即从右向左平移场景，使绿色牛奶瓶和紫色牛奶瓶（躺倒在地面上）同时出现在屏幕上。

在这个视图下，可以看到两个牛奶瓶有交叉，如图 3.7 所示。下面我们一起解决这个问题。

图3.7

13. 选择【选择工具】(键盘快捷键：V)。

14. 在【场景】面板中选择“Half – purple”模型。

15. 向右拖动蓝色箭头，分开两个牛奶瓶，使它们不再交叉，如图 3.8 所示。

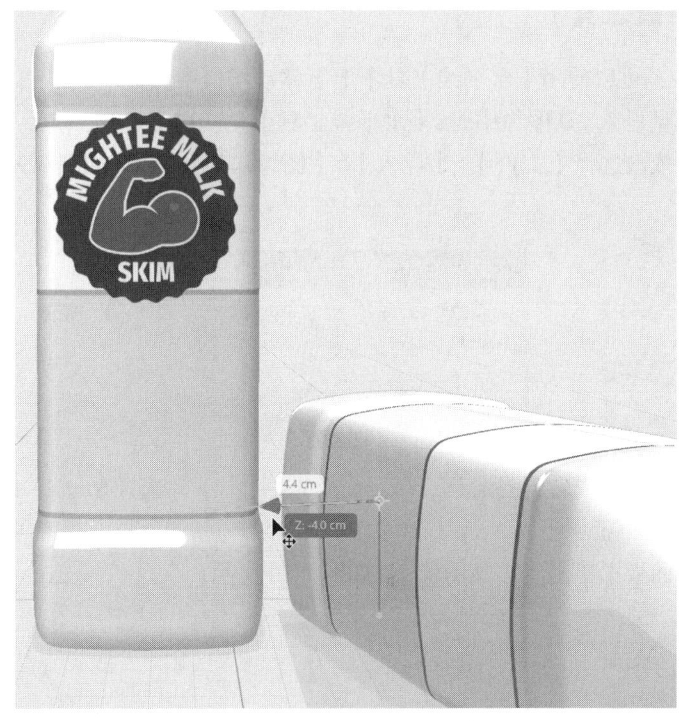

图3.8

3.5 使用【推拉工具】

在 Dimension 中，可以使用【推拉工具】把相机移近或移离场景。这个工具的名称来自于电影与电视节目制作过程中使用的“移动式摄影车”。

> Dn **注意：**使用【推拉工具】时，推拉方向可能与这里介绍的恰好相反，这取决于电脑系统中的鼠标配置情况。

1. 选择【推拉工具】(键盘快捷键：3)。
2. 沿着屏幕按下鼠标左键并自下而上拖动，把相机移近场景，场景中的模型看起来变大了。
3. 沿着屏幕按下鼠标左键并自上而下拖动，使相机远离场景，场景中的模型看起来变小了。

> Dn **提示：**不管当前是什么工具，都可以通过鼠标滚轮来使用【推拉工具】。

4. 单击【相机书签】图标（）。
5. 单击“Starting view”，使场景返回到初始视图下。

3.6 使用【水平线工具】

在 Dimension 中，可以使用【水平线工具】上下移动场景中的地平线，或者调整地平线的倾斜度。在把一个 3D 模型放入 2D 图像中时，【水平线工具】尤其有用。

1. 从菜单栏中依次选择【文件】>【导入】>【图像作为背景】，如图 3.9 所示。

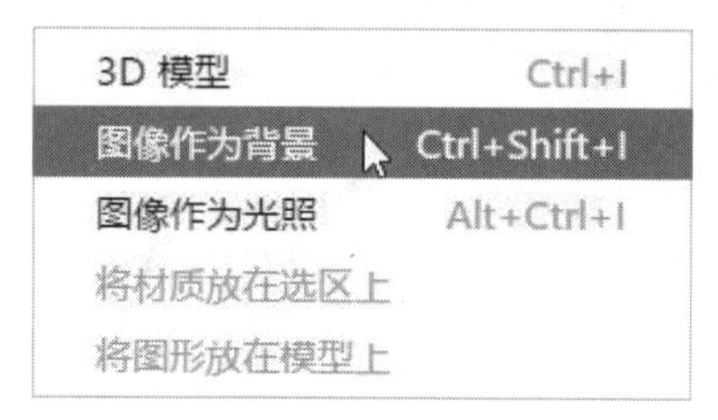

图3.9

2. 在弹出的对话框中，转到 Lessons > Lesson03 文件夹下，选择 Simple_background.psd 文件，单击【打开】按钮。
3. 在【操作】面板中单击【匹配图像】，如图 3.10 所示。

图3.10

4. 勾选【将画布大小调整为】选项，取消勾选【创建光线】选项，如图 3.11 所示。

此时，【匹配相机透视】选项处于不可用状态。这是因为导入的背景图像中不包含透视线，Dimension 无法判断消失点在哪里。

图3.11

5. 单击【确定】按钮。

6. 选择【水平线工具】(键盘快捷键：N)。

请注意，由于导入的背景图像中不包含透视线，所以 Dimension 无法判断消失点和水平线的位置。为此，必须手动设置水平线。

7. 背景图像上有一条蓝色的水平线，拖动水平线中间的手柄，使其与背景图像中灰色和棕黄色区域的分界线重合，如图 3.12 所示。请注意，当移动水平线时，牛奶瓶也随之发生移动。

图3.12

8. 水平线的两端各有一个圆点（即圆形选择手柄），把鼠标移动到水平线右侧的圆点上，按下鼠标左键并向上拖动，可使水平线向右上倾斜，如图 3.13 所示。

图3.13

9. 单击【相机还原】图标（），使水平线恢复水平状态。

此时，牛奶瓶在场景中的位置太低了。这个问题可以使用【水平线工具】解决。

10. 把鼠标放到任意一个牛奶瓶上并向上拖动，降低相机高度，使瓶子顶部位于水平线之上，如图 3.14 所示。请注意，当这样做的时候，水平线仍然保持在原地不动。

图3.14

11. 再次选择【推拉工具】，在图像上向上拖动，把牛奶瓶再放大一些。然后切换回【水平线工具】，拖动牛奶瓶，使场景如图 3.15 所示。

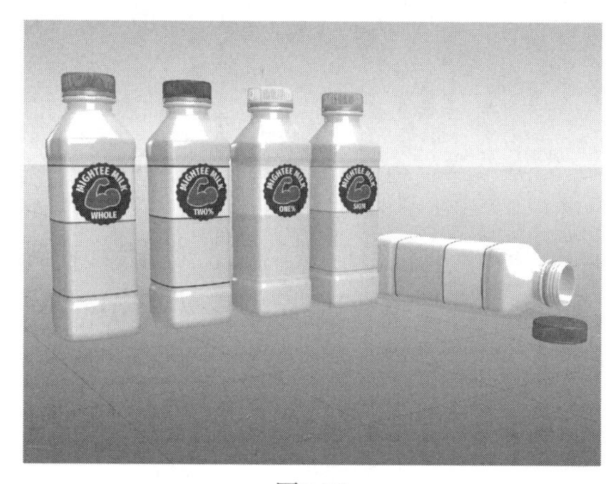

图3.15

12. 单击【相机书签】图标（ ）。

13. 单击加号图标（+），新建一个书签。

14. 输入“Final view”，按 Return 或 Enter 键，更改书签名称，如图 3.16 所示。

图3.16

15. 选择【环绕工具】(键盘快捷键：1)。

16. 向右上拖动一点，略微旋转一下视图。

17. 选择【水平线工具】(键盘快捷键：N)。当前，水平线已经离开原来的位置，不再与背景图像中的水平线重合，如图 3.17 所示。这是因为在使用【环绕工具】时仅调整了场景中的 3D 模型视图，但并未调整背景图像。

图3.17

18. 使用【水平线工具】重新调整水平线的位置，使其与背景图像中的水平线重合，如图 3.18 所示。移动了水平线之后，可能还需要使用【水平线工具】向下拖动瓶子，以便降低相机高度，获得最佳视图。

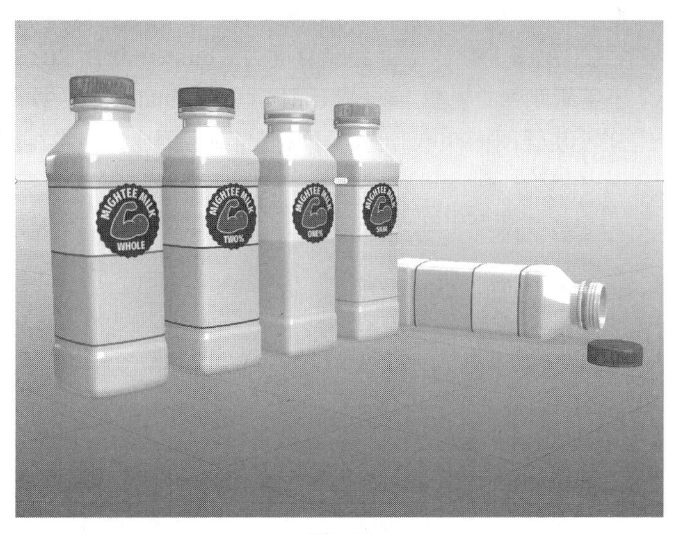

图3.18

3.7 使用相机书签

如前所述，相机书签是一种保存相机视角的快捷方法。借助于相机书签，我们可以快速返回到相机书签所保存的相机视角下。关于相机书签还有一些细节内容需要讲一讲。

1. 前面我们创建过一个名为“Final view”的相机书签。但是在保存了书签之后，又对相机视角和透视做了一些调整。为了更新书签，单击【相机书签】图标（![]）。
2. 把鼠标移动到“Final view”书签之上，然后单击【更新到当前视图】图标（![]），根据当前相机视角和透视更新书签，如图 3.19 所示。

图3.19

注意：在一个 Dimension 文件中，可以保存任意多个相机书签，保存数量不受限制。

3. 在“Starting view”书签左侧有一个小房子图标（![]），表示它是一个主视图书签。当使用【相机】>【切换到主视图】命令（键盘组合键为 Command+B/Ctrl+B）时，就会切换到“Starting view”书签所保存的视图下。把鼠标移动到“Final view”书签左侧的空白区域中，会出现一个灰色的小房子图标，单击它，可以把当前视图变换为主视图，如图 3.20 所示。

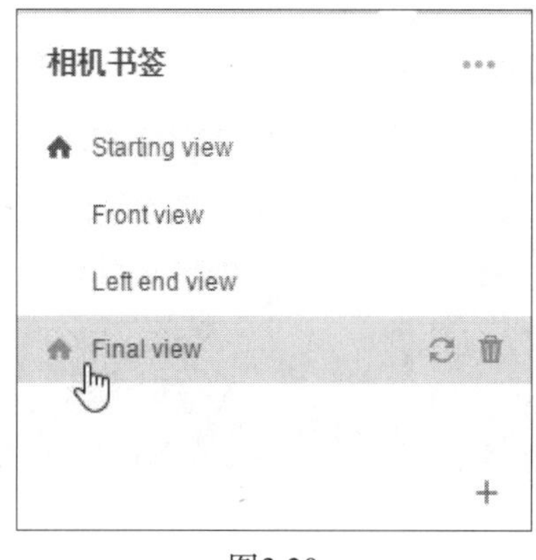

图3.20

提示：打开【相机书签】面板，按键盘上的 Page Up 与 Page Down 键，可以在不同视图之间来回切换。

提示：保存相机书签的另外一个好处是：渲染场景时，可以要求 Dimension 渲染指定的相机视图。针对同一个场景，可以保存多个不同的视图，然后同时渲染多个视图。

3.8 模拟景深

景深是一个摄影术语，是指按下相机快门后被拍摄的场景中有多大范围是清晰的。使用不同的镜头和光照，得到的景深完全不一样，有时景深很深（比如无限远，场景中的所有物体都是清晰的），有时很浅（只有焦点前后小部分区域中的物体是清晰的，此外其他物体都是模糊的）。在 Dimension 中，可以使用【聚焦】控件来模拟真实相机的景深效果。

1. 单击【渲染预览】图标（），以观察场景的渲染效果。
2. 在【场景】面板中选择【相机】，如图 3.21 所示。

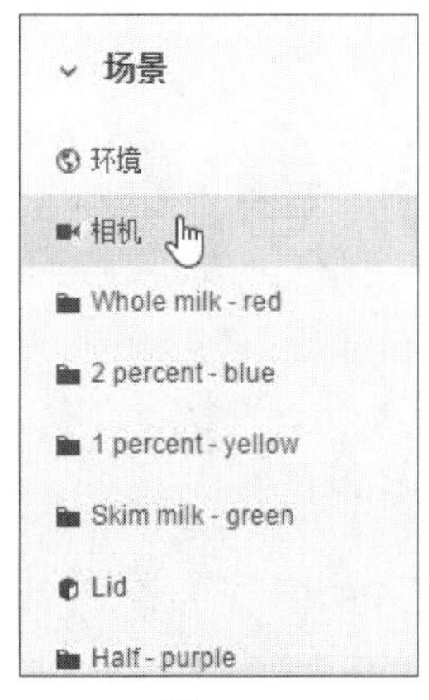

图3.21

3. 在【属性】面板中单击【聚焦】右侧的开关，开启【聚焦】控件，如图 3.22 所示。

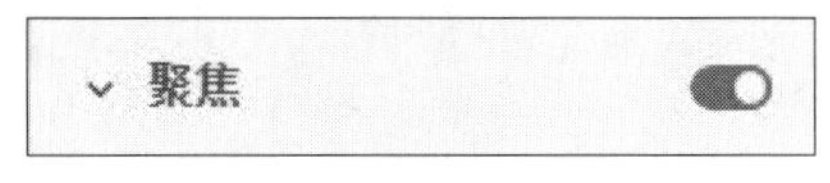

图3.22

4. 单击【设置焦点】按钮，然后单击黄盖瓶子上的标签。此时，黄盖瓶子标签上出现一个焦点图标（），表示整个场景的焦点在黄盖瓶子的标签上。

注意：设置好焦点之后，在目标位置就会出现一个焦点图标，我们无法拖动和移动这个焦点图标。如果想改变焦点位置，需要再次单击【设置焦点】按钮，然后单击新位置，设置焦点。

5. 在【聚焦】下，把【模糊量】设置为 10，如图 3.23 所示。

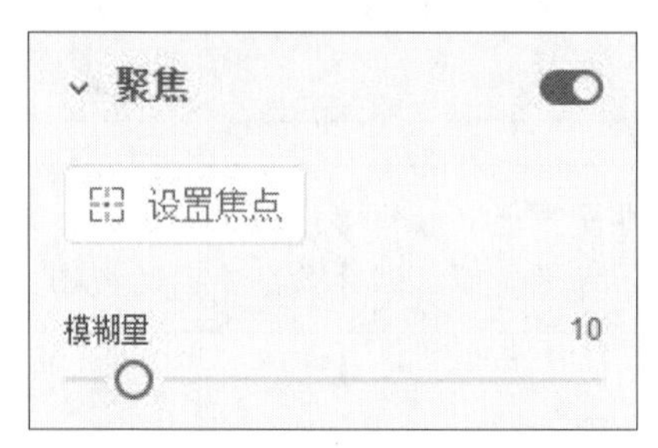

图3.23

6. 渲染完成后，我们会发现整个场景中只有焦点附近是清晰的，其他部分都是模糊的，如图 3.24 所示。

图3.24

3.9 复习题

1. 使用什么工具可使相机靠近或远离场景?
2. 【平移工具】有什么用?
3. 为什么要保存相机书签?
4. 可保存的相机书签个数有限制吗?
5. 在 Dimension 中，如何模拟相机景深效果?

3.10 答案

1. 在 Dimension 中，使用【推拉工具】可使相机靠近或远离场景。
2. 【平移工具】用来上下左右移动相机，这个过程中水平线保持在原位不动。
3. 在 Dimension 中，借助相机书签可以随时让场景快速返回到某个特定视图下。此外，还可以把场景的某个特定视图保存为相机书签，供日后渲染使用。
4. 没有。一个项目文件中可保存的相机书签数目是没有限制的。
5. 在 Dimension 中，可以使用【属性】面板中的【聚焦】选项来模拟相机的景深效果。

第4课 渲染模式

课程概览

本课中，我们将学习渲染 3D 场景的方法，涉及如下内容：

- Dimension 中的 3 种渲染方式，以及它们之间的区别；
- 如何在渲染速度和渲染质量之间做权衡；
- 如何快速获得一个“足够好”的渲染效果；
- 如何获得高质量的渲染图像。

学完本课大约需要 45 分钟。开始学习之前，请先在数艺设社区将本书的课程资源下载到本地硬盘中，并进行解压。

在 Dimension 中，可以通过渲染模式轻松地把一个 3D 场景转换成 2D 图像，同时把 3D 场景中的光线、阴影、材质和反射如实地保留下来。

4.1 什么是渲染

渲染是指把一些由 3D 模型组成的场景转换成逼真的 2D 图像的过程。

Dimension 使用一种名叫“光线跟踪”的渲染技术。在进行光线跟踪时，计算机会计算场景中每个像素到相机的路径，并根据环境光照、定向光、表面材质和其他物体的反射，计算每个像素的颜色。这需要耗费电脑大量的计算能力，目前我们常用的电脑还无法达到这个要求，所以还做不到在编辑某个场景的同时准确地进行实时渲染。

为此，Dimension 提供了 3 种级别的渲染：实时粗渲染（Dimension 在用户编辑 3D 场景的同时进行渲染）、混合渲染预览（当编辑 3D 场景时，Dimension 会自动在高品质光线跟踪渲染和实时渲染之间切换）、渲染模式。

4.2 实时渲染

当在【设计】模式下放置 3D 模型时，Dimension 会在画布上显示最终场景的简单预览。对场景进行准确渲染是十分耗时的，所以这里所说的“实时渲染”实际上是一种粗略的渲染，它呈现的是最终场景的大致样子。在这种渲染方式下，有些部分看上去会特别粗糙，包括：

- 3D 模型在地面上的投影；
- 应用在 3D 模型表面上的玻璃等半透明材质；
- 景深。

画布预览中根本不显示的部分有：

- 模型之间的反光；
- 模型在地面上的反光。

本课中，我们将实时渲染一个场景，验证上面说的这几点。

1. 启动 Adobe Dimension。
2. 单击【打开】，或者在菜单栏中依次选择【文件】>【打开】。
3. 在【打开】对话框中，转到 Lessons > Lesson04 文件夹下，选择 Lesson_04_begin.dn 文件，单击【打开】。
4. 若工作区右上角的【渲染预览】图标（ ）处于选中状态，则单击将其关闭。
5. 注意观察这个场景在实时渲染时的一些问题，比如 3D 模型的投影边缘非常生硬、死板，如图 4.1 所示。

图4.1

又如，管道模型的银色表面上应该倒映着木棱柱的部分形体，但这里看不到，如图 4.2 所示。

图4.2

6. 在【场景】面板中选择【环境】。
7. 若【地面】控制选项未在【属性】面板中显示出来，则单击【地面】左侧的箭头图标（>），把控制选项显示出来，如图 4.3 所示。

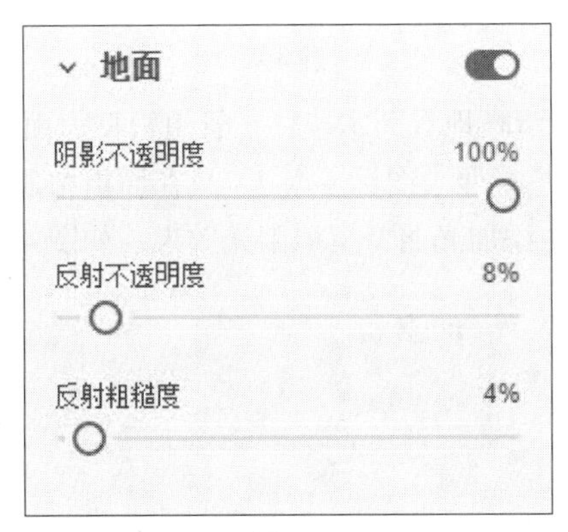

图4.3

在【地面】控制选项中,【反射不透明度】为 8%，所以在地面上应该能够看到 3D 模型的倒影，但这在实时预览中是看不见的。

实时预览的用处在于，可以通过它判断场景中 3D 模型的位置、大小和布局情况。如果想准确查看材质、表面、光照，必须使用混合渲染预览方式。

4.3 混合渲染预览

在编辑场景时，在混合渲染预览方式下，Dimension 会根据需要自动在光线跟踪渲染（精确）和实时预览（快速、不太精确）之间切换。

1. 单击工作区右上角的【渲染预览】图标（）。
2. 等待渲染预览更新。在渲染预览下，阴影中出现粗糙噪点。随着渲染的进行，噪点会越来越少，同时预览会变得更准确。

3. 使用【选择工具】选择杯子，向右拖动蓝色箭头（位于【选择工具】控件上），把杯子向右移动一点，如图 4.4 所示。在这样做的过程中，我们会看到光线跟踪预览关闭，同时实时预览打开。一旦放开杯子，光线跟踪预览就又开始了。

图4.4

此时，在渲染预览下，可以清晰地看到木棱柱在管道模型表面上的倒影。

4. 在【内容】面板中单击【光照】图标（☀），只在面板中显示光照。
5. 选择【阳光】，向场景中添加光照，模拟阳光效果，如图 4.5 所示。

图4.5

6. 在【属性】面板中，把【强度】设置为 145%，【旋转】设置为 100°，【高度】设置为 55°，【混浊度】设置为 35%，如图 4.6 所示。在设置这些值时，会看到 Dimension 切换回实时预览，设置完毕后，又返回到光线跟踪预览下。

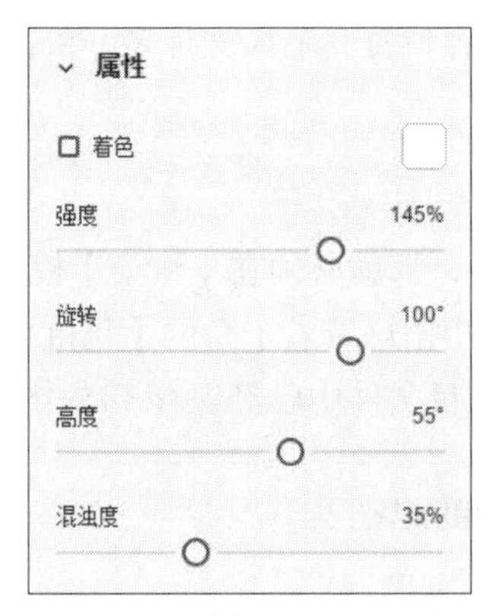

图4.6

需要根据电脑性能、场景的复杂度和尺寸确定开关混合渲染模式的时机，以便更好地满足需求。

使用鼠标右键单击【渲染预览】图标（），在弹出的面板中可以调整混合渲染模式的性能。在【分辨率】下，可以为渲染预览选择【完整】【1/2】【1/4】分辨率，或者关闭【减少预览中的杂色】，如图 4.7 所示。降低分辨率与关闭【减少预览中的杂色】都能极大提高光线跟踪渲染的速度，但是预览的准确度会有明显下降。

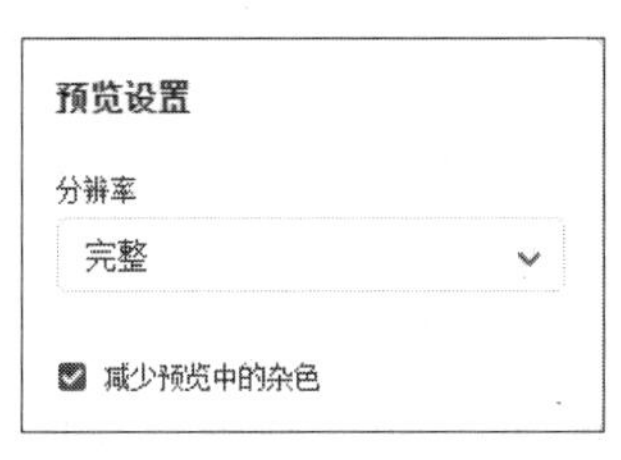

图4.7

4.3.1 使用渲染预览快照

在 Dimension 中，可以随时为光线跟踪渲染预览做快照。在 Dimension 进行渲染预览过程中，在某个时刻，当预览图满足了输出要求时，可以用快照存下来，以便进行输出。

1. 单击屏幕右上角的【共享 3D 场景】按钮（）。
2. 单击【拍摄 PNG 快照】图标（）（或者，单击【复制到剪贴板】图标（），把图像复制到 macOS 或 Windows 剪贴板中），如图 4.8 所示。

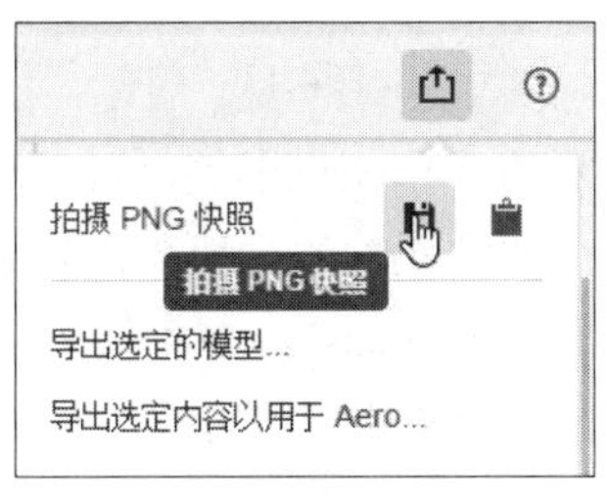

图4.8

3. 在弹出的对话框中，选择保存位置，输入文件名，单击【保存】按钮。

4.4 渲染模式

如果想查看准确的场景渲染效果，那就必须在【渲染】模式下进行渲染。

1. 进入【渲染】模式之前，先单击屏幕右上角的【相机书签】图标（）。

从书签列表中，可以看到当前项目文件中已经保存了 5 个书签，如图 4.9 所示。

图4.9

2. 依次单击每个书签，观察每个视图的样子。
3. 单击“Front view”书签，进入该视图下。
4. 单击屏幕左上角的【渲染】选项卡，进入【渲染】模式，如图 4.10 所示。

图4.10

5. 在屏幕右上角有【渲染设置】面板，如图 4.11 所示。

图4.11

6. 在【渲染设置】面板顶部显示着 5 个相机书签。可以选择多个相机书签，同时渲染一个场景的多个相机视图。渲染是个非常耗时的过程，在 Dimension 中，可以把同一个场景的多个渲染任务放入一个队列中，让 Dimension 在不使用电脑的时候依次执行它们。

目前，【当前视图】处于选中状态，如图 4.12 所示。

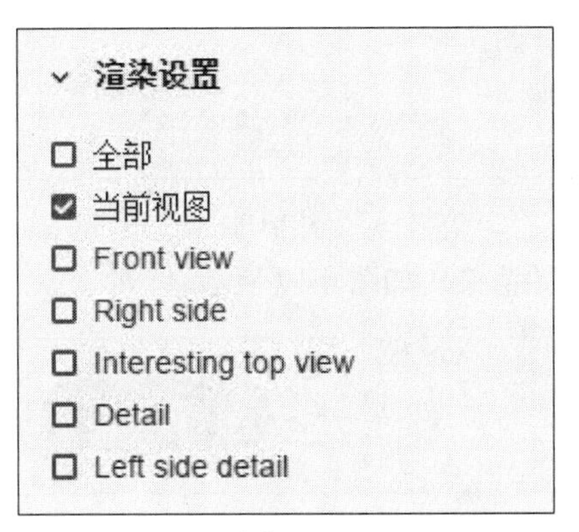

图4.12

7. 在【导出文件名】中输入“My_Lesson_04_end LOW”，如图 4.13 所示。Dimension 会自动在文件名之后添加上视图名，所以最终导出文件的名称为“My_Lesson_04_end LOW-Current View”。

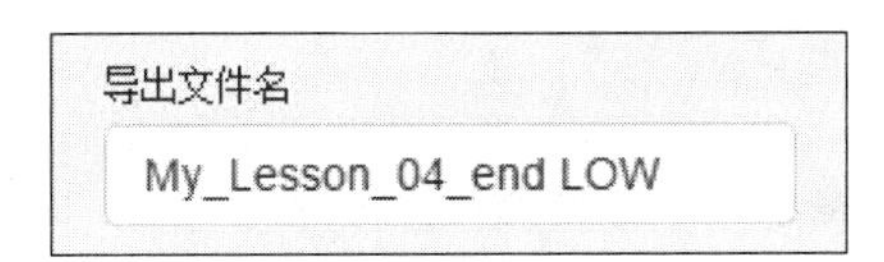

图4.13

8. 在【质量】中选择【低（速度快）】，如图 4.14 所示。

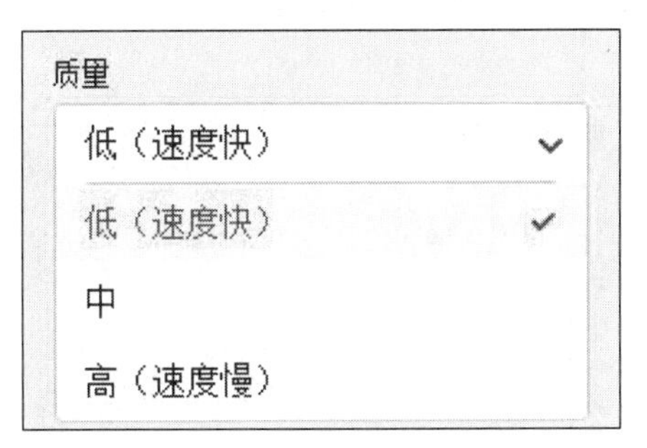

图4.14

9. 在【导出格式】下取消选择【PSD（16 位 / 通道）】，然后勾选【PNG】，如图 4.15 所示。

图4.15

10. 若想更改导出位置，单击【存储至】下的蓝色导出路径，然后从弹出的对话框中，选择目标存储位置即可，如图 4.16 所示。

图4.16

11. 单击【渲染】按钮，开始渲染，如图 4.17 所示。

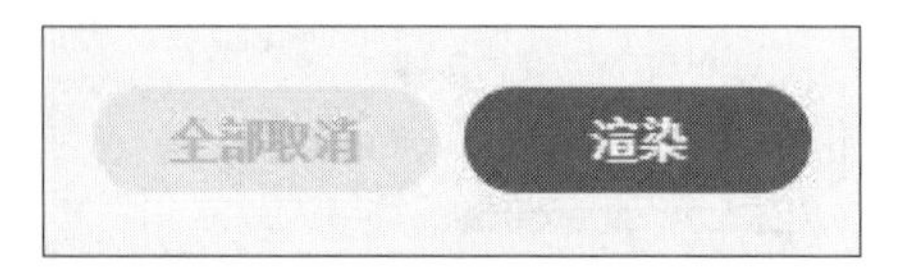

图4.17

> **注意：**在 Dimension 渲染期间，我们无法在 Dimension 中进行其他工作，但可以正常使用电脑中的其他应用程序。如果打开了操作系统中的通知功能，那么渲染完成后，则会收到一条通知信息。

12. 等待渲染完成。

在 MacBook Pro 电脑上，整个渲染过程大约需要花 4 分钟。如果不想花时间渲染，可以在课程文件中找到已经渲染好的文件（Lesson_04_end LOW-Current View.png）。

13. 在【质量】下，选择【高（速度慢）】，如图 4.18 所示。

14. 更改文件名称为“My_Lesson_04_end HIGH”。

15. 单击【渲染】按钮。

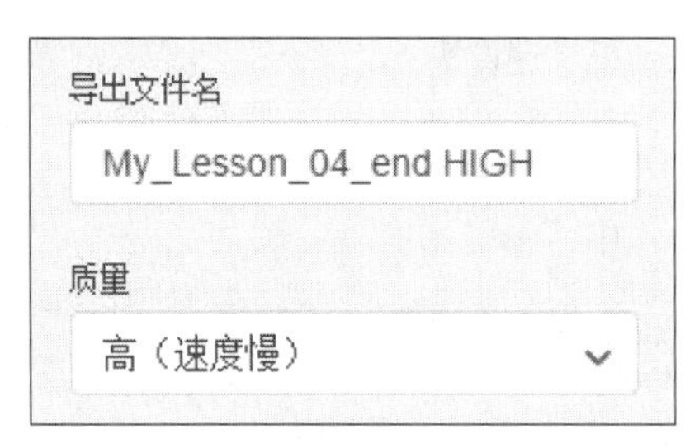

图4.18

请耐心等待渲染完成，整个渲染过程大约花了 25 分钟。如果不想花时间渲染，可以在课程文件中找到已经渲染好的文件（Lesson_04_end HIGH-Current View.png）。

> **提示：**在渲染过程中，可以随时单击快照图标（），把当前渲染状态保存为一个 PNG 或 PSD 文件。渲染时，渲染引擎会多次渲染整个场景，并且渲染精度逐步提高。当某次渲染精度已经满足要求时，就可以单击快照图标，将其保存下来，并停止渲染，从而节省大量电脑算力。

在整个渲染过程中，在【渲染状态】下会显示一个进度条（见图 4.19），通过这个进度条，可以大致了解当前已经完成的工作量。

图4.19

4.4.1 渲染速度与质量

在【渲染】模式下，有 3 种渲染质量可供选择：低（速度快）、中、高（速度慢）。但具体渲染时，应该如何选择呢？

1. 在 Adobe Photoshop 中打开上面刚刚渲染好的两个图像文件。当然，也可以在课程文件中到找到它们（Lesson_04_end HIGH-Current View.png 与 Lesson_04_end LOW-Current View.png）。
2. 仔细观看两个文件，会发现在低质量渲染图像（图 4.20 中的左图）中包含大量噪点，而且阴影区域中的噪点最明显；而高质量渲染图像（图 4.20 中的右图）中包含的噪点较少，并且阴影区域更加平滑。

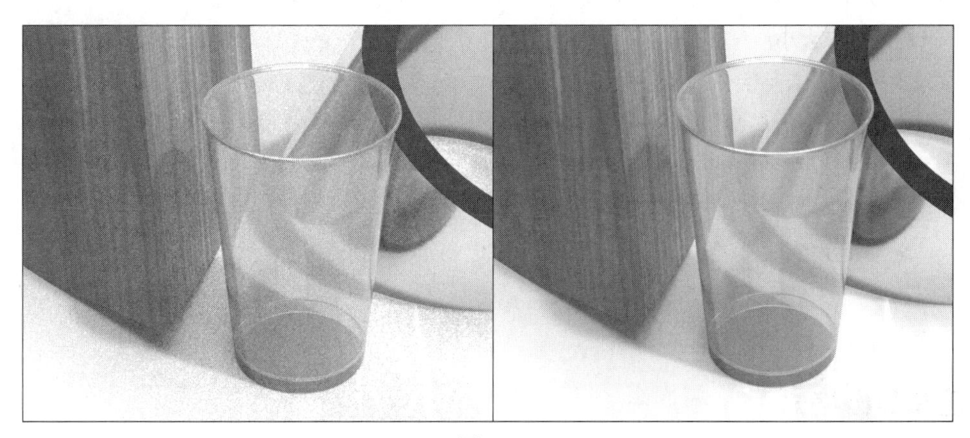

图4.20

在实际工作中，我们要根据自身需求选择合适的渲染质量。渲染非常耗时，这里我们选了相对简单的文件来做渲染示例。文件越大，越复杂，渲染时间会越长。

影响渲染速度的因素

在Dimension中，渲染一个场景所需要的时间会根据文件的不同而有很大差别，而且还受到其他多种因素的影响。这些因素按照影响程度的大小排列如下（从大到小）。

- **硬件**

电脑CPU（中央处理单元）的运行速度对渲染速度有很大的影响。一般来说，CPU运行速度越快，渲染速度越快。现代CPU都有多个核心，核心数越多，运行速度越快，渲染速度也越快。

- **材质**

相比于其他因素，场景中使用多种材质会使整个场景的渲染时间显著增加。一般来说，玻璃、液体、凝胶等半透明材质的渲染速度要比其他材质慢得多。

- **反射**

光滑表面的反射会拖慢渲染速度。这包括物体在周围其他物体光滑表面上的倒影，以及模型在地面（反射不透明度大于0）上的倒影。

- **聚焦**

应用【聚焦】功能（模拟景深效果）后，场景中的一些对象变模糊（虚化），另外一些对象变清晰，这会大大增加整个场景的渲染时间。

- **画布大小**

画布的总像素数会影响渲染速度。像素数越多，渲染速度越慢，花费时间越长。

- **模型个数与复杂度**

场景中模型的复杂度与个数会对渲染速度产生一定影响，但称不上巨大。

- **内存**

电脑的内存大小会对渲染速度产生一定影响，但影响不大。

4.5 渲染导出格式

前面我们把3D场景渲染成了PNG格式的图像文件。事实上，可以在【导出格式】下勾选PSD，把场景渲染成PSD图像文件。那么，渲染成PSD图像文件有什么好处呢？

单从图像质量看，无论是选择PNG格式，还是PSD格式，渲染后的图像质量都没什么差别。相比于PNG图像文件，PSD图像文件还包含了图层和蒙版，这使得在Photoshop中编辑它们变得更轻松。有关这方面的内容，将在后续课程中详细讲解。这里，我们在课程文件中找到Lesson_04_end HIGHCurrent View.psd，将其在Photoshop中打开，借助图层面板，查看其中包含的图层，如图 4.21 所示。

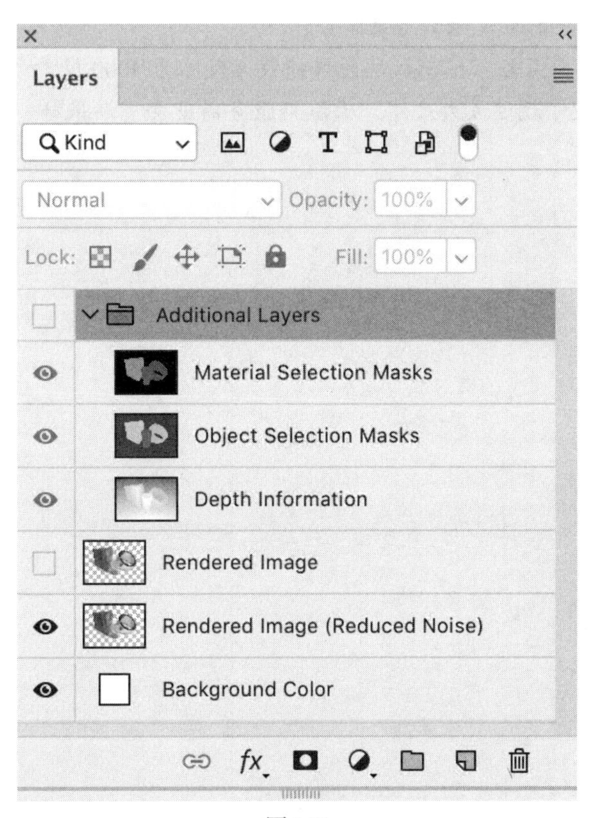

图4.21

4.6 云渲染（Beta）

在【属性】面板的 RENDER SETTING（渲染设置）下选择 Cloud（云渲染），可以把场景渲染工作提交给 Adobe 服务器，把我们的电脑从这种 CPU 密集型任务中解脱出来，如图 4.22 所示。Cloud 下的选项和控件与本地渲染一样，目前该功能还处于测试阶段。

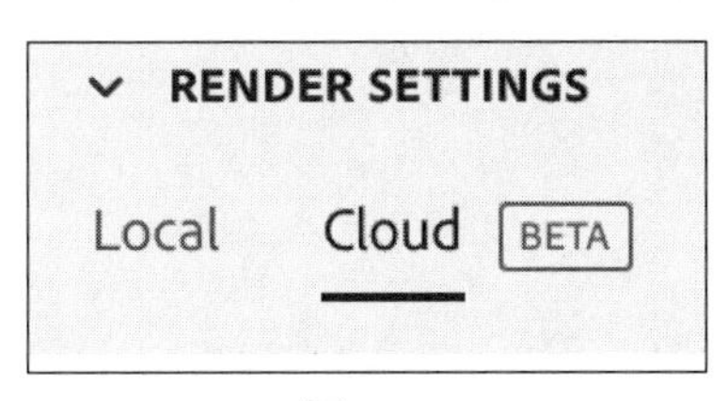

图4.22

- 云渲染结果存储在 Creative Cloud Files 中。

- 云渲染是免费的，但需要消耗一定积分。Creative Cloud 会员每个月会获得一定数量的积分，可以使用这些积分兑换云渲染服务。
- 云渲染服务对场景尺寸有限制，所允许的最大尺寸为 4000 像素 ×4000 像素。上传 3D 场景时，若场景尺寸超过最大尺寸，云渲染服务器就会重新采样，把场景尺寸降低到 4000 像素 ×4000 像素。

4.7 复习题

1. 什么是光线跟踪?
2. 在 Dimension 中，把一个 3D 场景渲染成 2D 图像时，有哪 3 种方法?
3. 实时预览中有反射投影吗?
4. 在光线跟踪渲染预览中，最大的问题是什么?

4.8 答案

1. 光线跟踪是 Dimension 渲染引擎用来进行渲染的一种方法。在进行光线跟踪时，软件会执行复杂的数学计算，并据此确定场景中每个像素的颜色。
2. Dimension 提供了 3 种渲染方式，分别是实时渲染、光线跟踪渲染、渲染模式。
3. 没有。在实时预览中，物体在地面或其他对象上不会有倒影。
4. 光线跟踪渲染速度极快，渲染预览中有大量噪点，尤其是在阴影区域中。

第5课　查找与使用3D模型

课程概览

本课中，我们将学习从各种渠道导入模型的方法，涉及如下内容：

- Dimension 内置的【初始资源】是学习 Dimension 的好起点；
- 如何在 Adobe Stock 上找 3D 模型；
- 如何从 Adobe Stock 下载模型，并在场景中使用；
- 如何把其他标准格式的 3D 模型导入 Dimension 中；
- 如何把模型融入真实的场景中。

学完本课大约需要 45 分钟。开始学习之前，请先在数艺设社区将本书的课程资源下载到本地硬盘中，并进行解压。

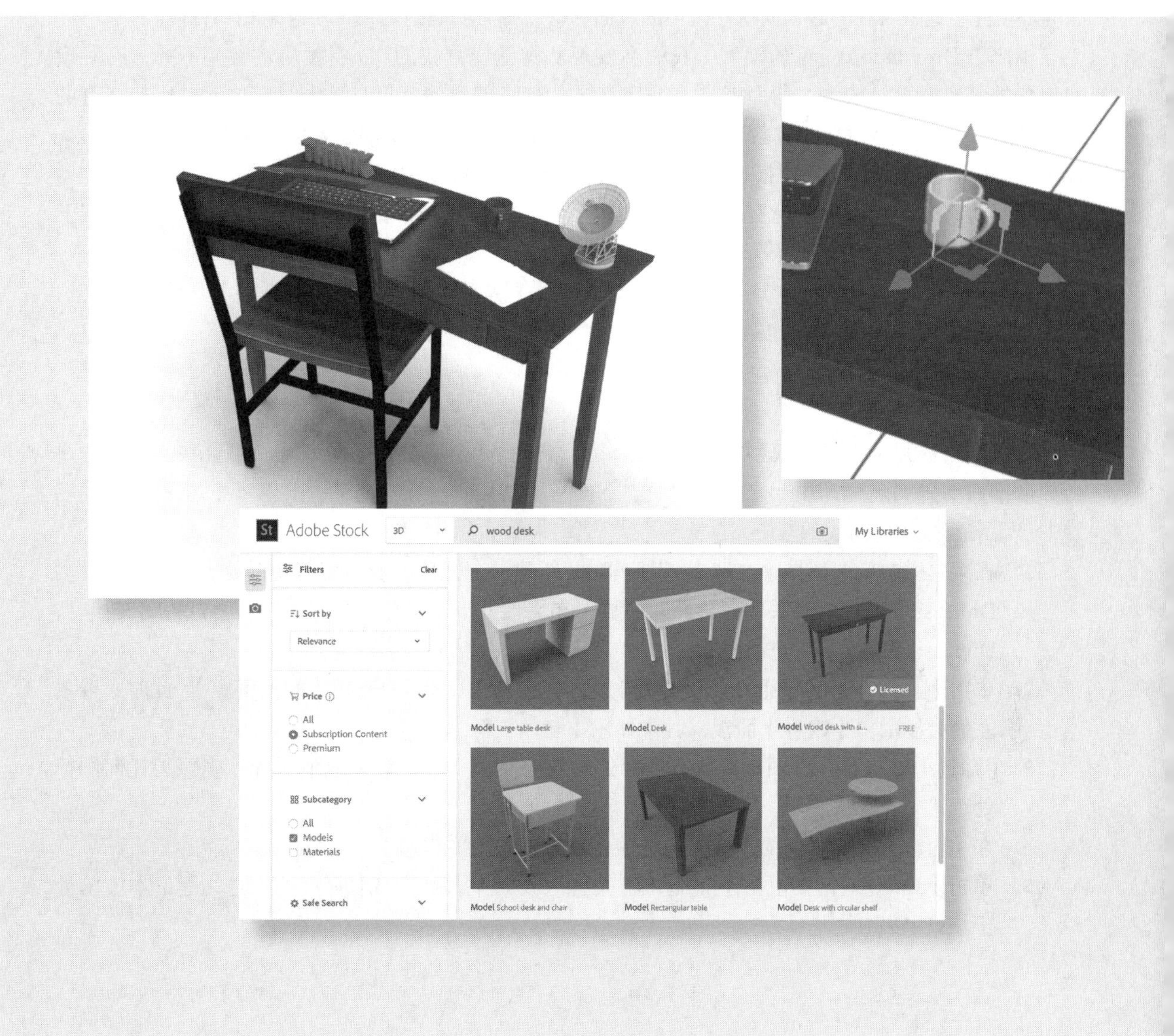

获取3D模型的渠道有很多，比如Adobe Stock，可以从这些渠道下载模型，然后导入我们的场景中。

5.1 关于【初始资源】

前面提到，Dimension 内置了大量 3D 模型、材质、灯光、背景图像，在动手创建 3D 场景时，可以使用这些资源。Dimension 内置的 3D 模型是创建 3D 场景很棒的初始资源。这些模型一般都经过调整优化，非常适合在 Dimension 中使用，可以把它们以确定的尺寸导入到场景中，使其与周围的环境完美地融合在一起，而这些模型的表面和材质都有明确的名称，用起来相当方便。

相比于 Dimension 内置的模型，我们会发现从其他地方找的 3D 模型质量参差不齐，有些模型包含的多边形数量较少，曲面就是一系列直线；有些模型整个只有一个组成单元，比如在有的瓶子模型中瓶盖不是独立的对象，它和瓶身是一体的。不同的模型创建者创建模型时使用的技术、方法、手段各不相同，这使得模型难以在 Dimension 或其他软件中使用。

即便精心设计的高质量模型，也可能会因为保存方式导致模型在导入 Dimension 时，出现上下颠倒、旋转异常、大小失当等一些不可预测的问题。

基于以上原因，在熟练掌握 Dimension 之前，强烈建议先从使用【初始资源】开始创建场景，【初始资源】用起来最简单，也最安全。

5.1.1 使用【初始资源】

有些初始资源是由单个模型组成的简单对象；有些资源是由多个模型精心组合在一起的，每个部分都有明确的名称，用起来非常方便。下面从【初始资源】中选择一个模型，将其添加到场景中，看看它是如何组成的。

1. 在菜单栏中依次选择【文件】>【新建】，新建一个文档。若当前有文档处于打开状态，则 Dimension 会先将其关闭，再新建文档。在文档处于未保存的状态下，当尝试关闭文档时，Dimension 会提示先进行保存。
2. 单击【工具】面板顶部的【添加和导入内容】图标（⊕），选择【初始资源】。此时，屏幕左侧会显示出【内容】面板，其中显示【初始资源】。
3. 【筛选】中包含一些图标，若有图标处于选中状态，单击它，取消选择，确保无任何图标处于选中状态。
4. 在【内容】面板顶部的【搜索】框中，输入“笔记本电脑”。
5. 单击【16:10 笔记本电脑】模型，将其置入场景中，如图 5.1 所示。此时，笔记本电脑处于场景中央。

图5.1

6. 在菜单栏中依次选择【相机】>【构建选区】，使笔记本电脑模型完整地显示在屏幕上。

> **提示：**【相机】>【构建选区】命令对应的键盘快捷键是F。若当前未选中任何对象，则F键等同于【相机】>【全部构建】命令，它会更改相机视图，显示场景中的所有模型。

7. 观察【场景】面板，可以看到笔记本电脑模型由8个模型组成，每个模型都有明确的名称，如图5.2所示。

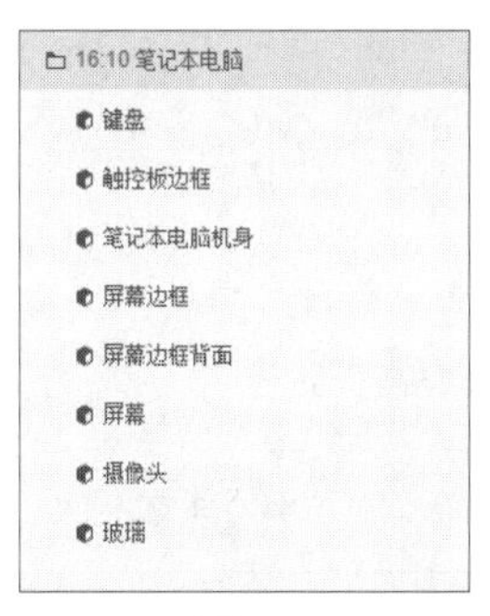

图5.2

在【场景】面板中，空心文件夹图标（）代表当前编组处于展开状态，实心文件夹图标（）代表当前编组处于折叠状态。可以单击文件夹图标，使其在展开与折叠两种状态之间切换。

8. 在【场景】面板中，把鼠标移动到【笔记本电脑机身】模型上，单击最右侧的右箭头图标（）。此时，【场景】面板会出现一个新的视图，把应用到【笔记本电脑机身】模型上的材质显示出来。
9. 在【框架材质】处于选中的状态下，查看【属性】面板，可以看到笔记本电脑机身表面是真实的灰金属色，如图5.3所示。当然，可以根据需求设置成其他材质。

图5.3

10. 在【场景】面板中单击回退箭头（←），返回到模型视图下。

11. 在【场景】面板中，把鼠标移动到【玻璃】模型上，单击最右侧的右箭头图标（>），把应用在【玻璃】模型上的材质显示出来。

12. 观察【属性】面板，可以看到屏幕的玻璃材质设置为【半透明度】属性，如图 5.4 所示。

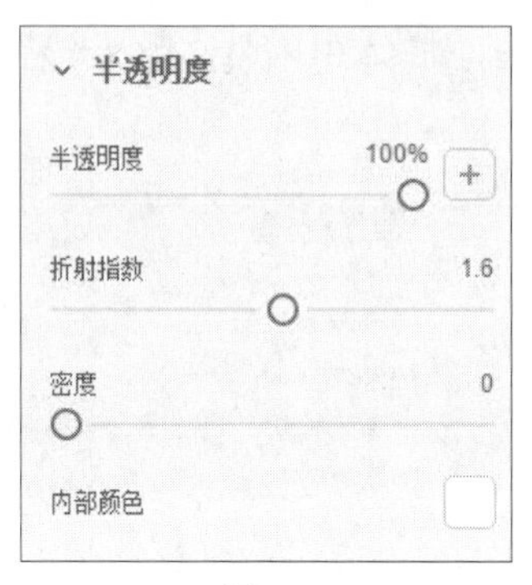

图5.4

> **提示：** 在【场景】面板中观看材质时，可以按 Esc 键，回退到模型视图下。

13. 在【场景】面板中单击回退箭头（←），返回到模型视图下。

【初始资源】的编组、模型、预置材质容易辨识，且有明确的名称，用起来非常方便。

5.1.2 修改【初始资源】

当模型是由一组有明确名称的子模型组成时，有一个很大的优点，那就是我们可以像变换编组一样变换子模型。例如，可以轻松地旋转笔记本电脑模型的屏幕，从而把笔记本电脑打开或合上。

1. 在【场景】面板中选择【键盘】模型。

2. 按下 Shift 键，单击【笔记本电脑机身】模型，同时选中【键盘】【触控板边框】【笔记本电脑机身】3 个模型，如图 5.5 所示。

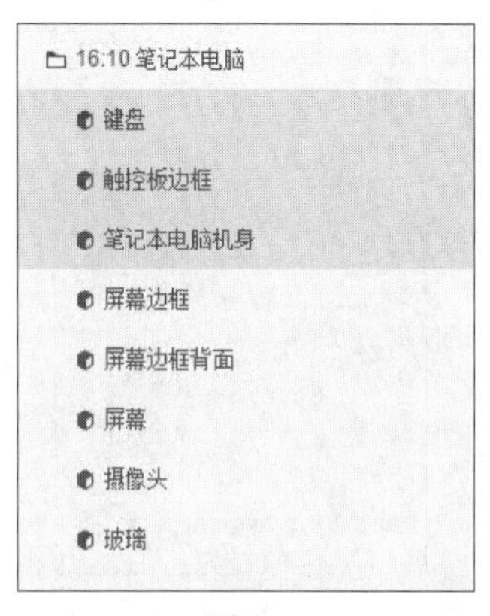

图5.5

3. 在菜单栏中依次选择【对象】>【分组】，把 3 个模型编入一个分组中。

> Dn 提示：与其他大多数 Adobe 设计软件一样，在 Dimension 中，可以直接使用 Command+G（macOS）或 Ctrl+G（Windows）组合键执行【分组】操作；使用 Shift+ Command+G（macOS）或 Shfit+Ctrl+G（Windows）组合键执行【取消分组】操作。

4. 双击分组名称，将其更改为"Body"，如图 5.6 所示。

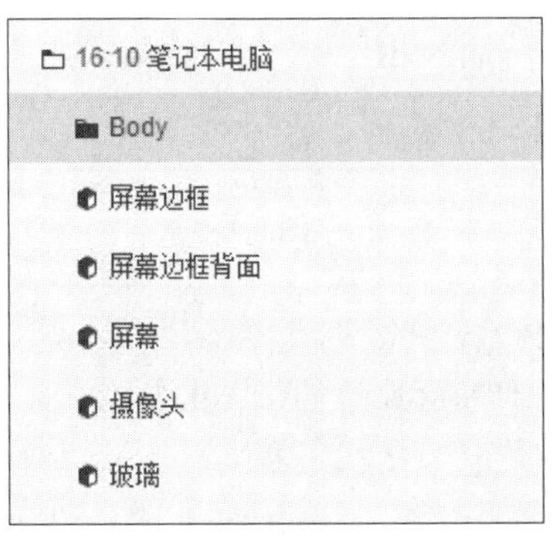

图5.6

5. 在【场景】面板中选择【屏幕边框】模型。
6. 按下 Shift 键，单击【玻璃】模型，同时选中【屏幕边框】【屏幕边框背面】【屏幕】【摄像头】【玻璃】模型，如图 5.7 所示。

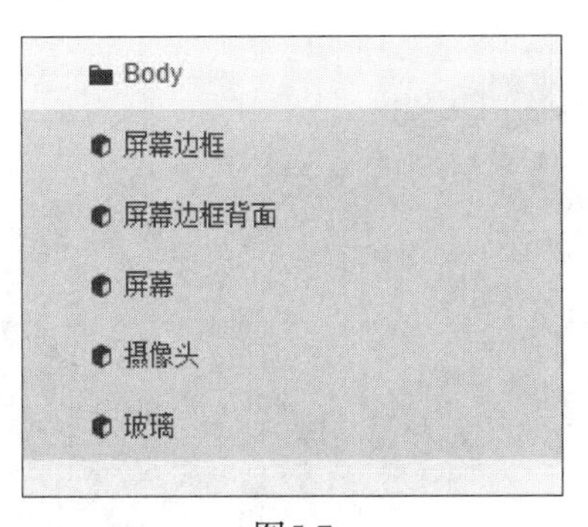

图5.7

7. 在菜单栏中依次选择【对象】>【分组】，把选中的 5 个模型编入一个分组中。
8. 双击分组名称，将其修改为"Screen"，如图 5.8 所示。

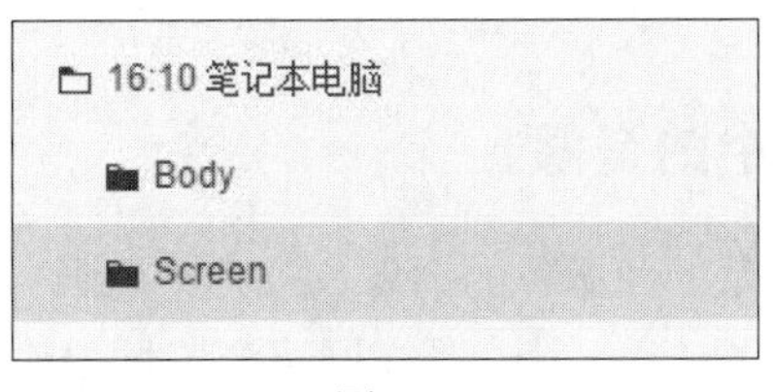

图5.8

9. 选择【选择工具】(键盘快捷键：V)。

10. 在【场景】面板中单击“Screen”分组，选中组成笔记本电脑屏幕的所有模型。

11. 在【属性】面板的【中心点】下，选择【底部】，如图 5.9 所示。

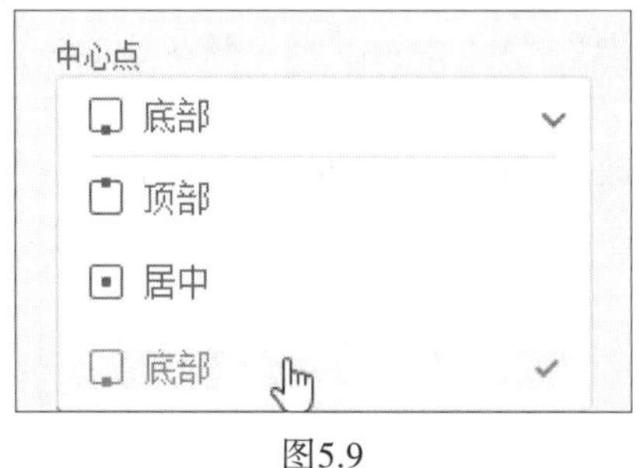

图5.9

> **注意：**有些 3D 建模软件允许用户创建可操控的模型。这些模型中包含各个组成部分的装配信息。例如，在一个可操控的笔记本电脑中，允许用户沿着铰链打开或折起笔记本电脑屏幕，但是不允许将其从笔记本电脑基座上分离出去，也不允许向前或向后滑动。请注意，在导入这类模型时，Dimension 会忽略这些模型中的装配信息。

12. 在画布中拖动【选择工具】控件上的红色圆圈，使 X 轴上的旋转度数达到 70° 左右，如图 5.10 所示。

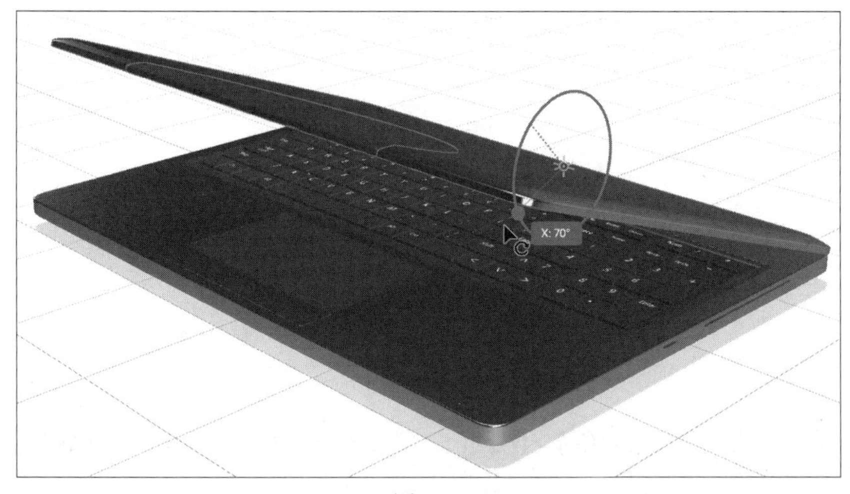

图5.10

5.2 使用 Adobe Stock 中的资源

Adobe Stock 网站中拥有海量的免版税的图像、视频、插画、模板、3D 资源（含模型、材质、灯光）。有两种方式可以访问这些资源，其一是在网页浏览器中输入它的官网地址，其二是直接在 Creative Cloud 程序中进行搜索访问。请注意，Adobe Stock 网站中的大部分资源是需要付费使用的，我们可以根据自身情况购买合适的订阅计划来使用网站中的资源。

5.2.1 在 Adobe Stock 中查找模型

除了付费模型之外，Adobe Stock 上也有很多 3D 模型是免费的。即使未加入 Adobe Stock 的订阅计划，也可以使用这些模型。

> **注意：**类似于 Dimension【初始资源】中的模型，Adobe Stock 中的所有 3D 资源一般都经过了调整优化，非常适合在 Dimension 中使用。我们可以把它们以确定的尺寸导入到场景中，使其与周围的环境完美地融合在一起，而且这些模型的表面和材质都有明确的名称，用起来相当方便。

1. 单击【工具】面板顶部的【添加和导入内容】图标（⊕）。
2. 选择【Adobe Stock】。
3. 选择【浏览所有 Adobe Stock 3D】。

此时，Dimension 会启动默认浏览器，并打开 Adobe Stock 官网页面。

4. 在 Adobe Stock 页面的搜索框中，输入“182469767”，按 Return 或 Enter 键，如图 5.11 所示。

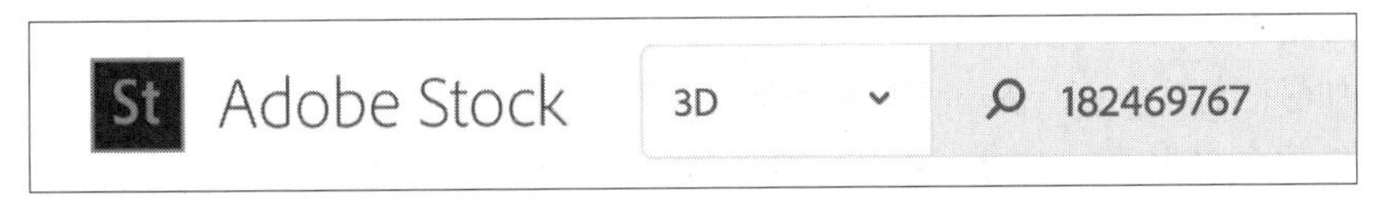

图5.11

这是一个桌子模型的 ID 编号，本课要使用这个模型，而且这个模型是免费的。

5. 单击【License For Free】按钮。大家若尚未使用自己的 Adobe ID 登录到 Adobe Stock，则网站会要求先输入 Adobe ID 和密码进行登录。登录完成后，就可以把模型下载到本地使用了。

5.2.2 导入下载好的 Adobe Stock 资源

从 Adobe Stock 把模型下载到本地电脑后，接下来，就该把它们导入到 Dimension 场景中了。

1. 在 Dimension 的菜单栏中依次选择【文件】>【导入】>【3D 模型】。

> **提示：**使用键盘左上角的波浪线按键，可以快速地把【内容】面板显示或隐藏。把【内容】面板隐藏起来后，能为画布留出更多屏幕空间。

2. 在弹出的对话框中，转到保存模型的目录下，进入名为 AdobeStock_182469767 的文件夹，选择 a_desk_1_163.obj 文件，单击【打开】按钮。此时，Dimension 会把桌子模型放到场景中央。
3. 在菜单栏中依次选择【相机】>【全部构建】，调整相机，以便在画布中看到整个桌子，如图 5.12 所示。

图5.12

4. 单击屏幕右上角的【相机书签】图标（）。
5. 单击加号图标（+），新建一个书签。
6. 把书签重命名为“Starting view”，按 Return 或 Enter 键，使修改生效，如图 5.13 所示。

图5.13

5.2.3 修改场景

Adobe Stock 库中的所有 3D 模型都经过了优化，很适合在 Dimension 中使用，就像 Dimension 中内置的【初始资源】一样。在把桌子模型导入场景后，就像笔记本电脑一样，Dimension 会把桌子放到场景中央，大小与笔记本电脑成正比，且位于地平面之上。

1. 选择【选择工具】(键盘快捷键：V)。
2. 在【场景】面板中单击【16:10 笔记本电脑】，选中笔记本电脑模型。
3. 在画布中向上拖动绿色箭头，使笔记本电脑模型恰好贴合到桌面上。
4. 选择【环绕工具】(键盘快捷键：1)，在画布上向下拖动一点点，把桌子顶部露出更多一些。

5. 在菜单栏中依次选择【相机】>【全部构建】，调整相机位置，以便同时看到桌子和笔记本电脑。

6. 使用【选择工具】把中心点（【选择工具】控件上的黑白圆圈）往下向桌子拖动，如图 5.14 所示。拖动中心点时，其所在的模型会自动吸附到所接触的模型表面。当吸附到桌子表面后，继续调整笔记本电脑在桌面上的位置，使其靠近桌面左侧。

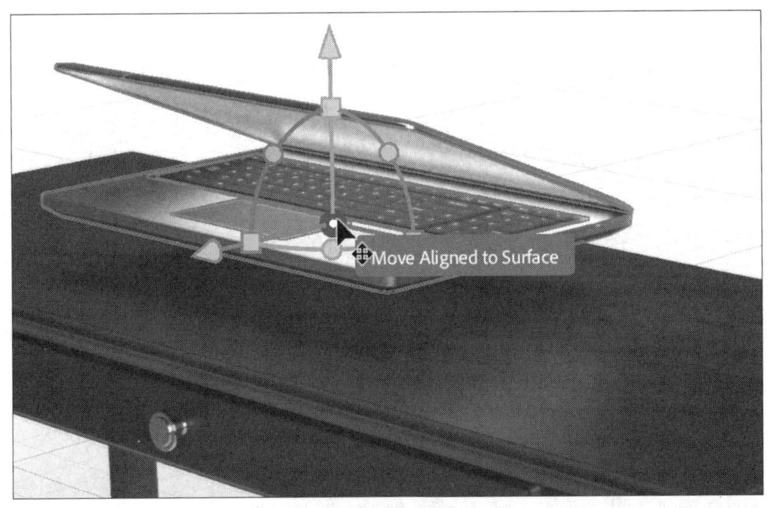

图5.14

7. 向右拖动【选择工具】控件上的绿色圆形，使笔记本电脑在桌面上略微旋转一点，如图 5.15 所示。

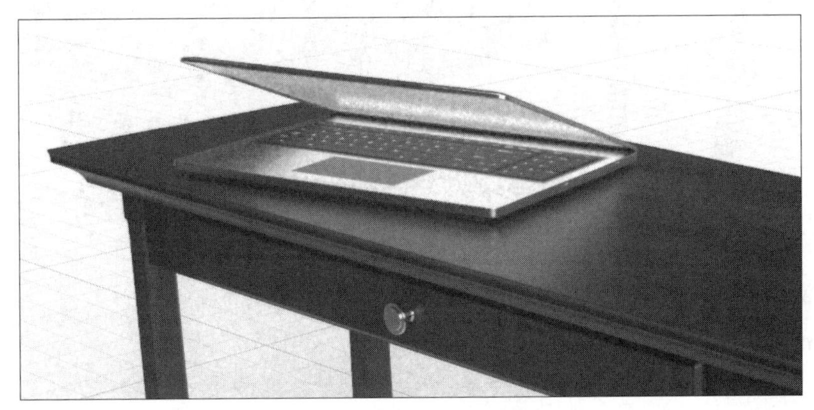

图5.15

5.2.4 向场景中添加更多对象

下面再把 3 个免费模型从 Adobe Stock 添加到场景中。

1. 单击【工具】面板顶部的【添加和导入内容】图标（⊕）。

2. 选择【Adobe Stock】，选择【浏览所有 Adobe Stock 3D】。

3. 在 Adobe Stock 页面的搜索框中，输入“172516470”，按 Return 或 Enter 键。

这是一个咖啡杯模型的 ID 编号，本课要使用这个模型，而且这个模型也是免费的。

> **提示：**在大场景中放置小尺寸对象时，有两个相机命令很有用：【相机】>【构建选区】命令用来使所选对象填满屏幕；【相机】>【全部构建】命令用来使场景中的所有对象填满屏幕。

4. 单击【License For Free】按钮，此时所选模型就会下载到本地电脑中。
5. 在 Dimension 的菜单栏中依次选择【文件】>【导入】>【3D 模型】。
6. 在弹出的对话框中，转到保存模型的目录下，进入名为 AdobeStock_172516470 的文件夹，选择 coffee_cup_116c.obj 文件，单击【打开】按钮。此时，Dimension 会把咖啡杯模型添加到场景中央，且在地平面（即桌子下的地面）之上。
7. 使用【选择工具】向上拖动中心点（在咖啡杯的【选择工具】控件上的黑白圆圈），使咖啡杯吸附到桌面上。调整咖啡杯的位置，使其位于桌面合适的位置上，如图 5.16 所示。

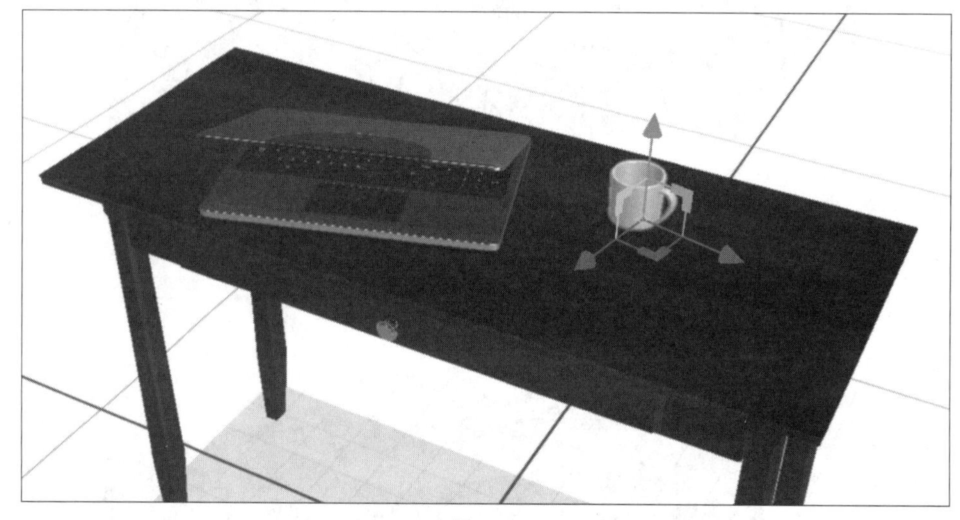

图5.16

8. 使用【选择工具】双击画布上的咖啡杯，进入材质编辑界面中。
9. 在【属性】面板中单击【底色】右侧的颜色框，如图 5.17 所示。

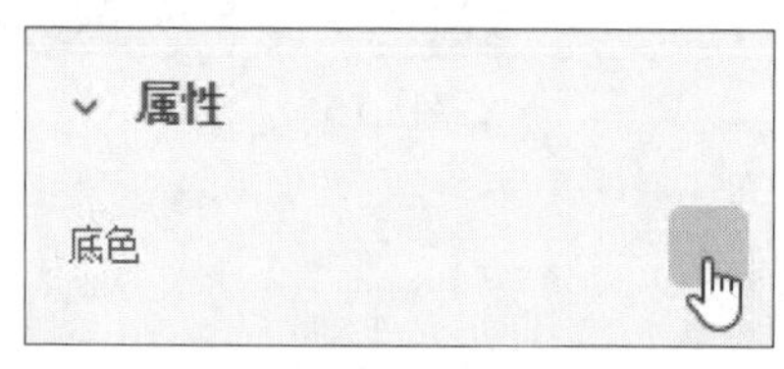

图5.17

10. 在拾色器中，为咖啡杯选择一种蓝色，然后按 Esc 键，关闭拾色器，如图 5.18 所示。

Dn **提示：**此外，还可以直接把模型从【访达】(macOS)或【文件浏览器】(Windows)拖入到场景中。

图5.18

11. 重复步骤1～6，从Adobe Stock把一个打开的笔记本模型（ID编号为213242110）添加到场景中。

12. 使用【选择工具】向上拖动中心点（在笔记本的【选择工具】控件上的黑白圆圈），使笔记本吸附到桌面上。调整笔记本的位置，使其位于桌面合适的位置上，如图5.19所示。

图5.19

13. 再次重复步骤1～6，从Adobe Stock将一把木头椅子模型（ID编号为184479705）添加到场景中。

14. 沿顺时针方向拖动选择工具控件上的绿色圆圈，旋转椅子，使其面向桌子正面。

15. 在椅子上按下鼠标左键，将其拖移到指定位置，如图5.20所示。拖动整个模型，而非模型上的【选择工具】控件，可以沿着地平面在两个方向上移动模型，本例中就像把椅子在地面上滑来滑去。

图5.20

5.3 从其他来源导入 3D 模型

除了使用【初始资源】和 Adobe Stock 中的模型之外，还可以把如下格式的 3D 模型导入 Dimension 中：

- FBX（Filmbox）；
- glTF（GL Transmission Format）；
- GLB（Single-fle binary version of the glTF format）；
- OBJ（Wavefront）；
- SKP（SketchUp）；
- STL（Stereolithography）。

不同人的建模水平不同，软件使用方式不同，最终得到的 3D 模型的尺寸和复杂度各不相同。此外，不同的 3D 建模软件在把 3D 对象保存成这些标准格式时所采用的方式也不相同。能否成功导入这些格式的模型，以及最终模型的可用性取决于下面这些因素。

- 建模者的建模质量。例如，在创建酒瓶模型时，建模者是把酒瓶的软木塞作为一个单独的对象创建（这样方便单独向软木塞应用材质），还是将其与瓶身作为一个整体创建。模型包含的多边形数目是否合适，使得在确保瓶身平滑的同时又不至于过多，以免模型过于复杂。
- 模型的几何结构。Dimension 只支持多边形几何结构，它不支持使用曲面或曲线等多边形建模创建的模型，也不允许导入这样的模型。

- 相对于电脑的处理能力和内存大小，模型的复杂度如何。为了获得最好的结果，模型应该尽量少使用多边形，当然前提是模型的外观合乎要求。一个模型包含的多边形数目越多，准确度会越高，但使用这样的模型会导致电脑速度变慢。如果模型太过复杂，还有可能导致 Dimension 软件失去响应。
- 用来把上述文件格式转换成 Dimension 文件格式的转换程序的质量。
- 建模软件把数据写为指定文件格式的准确性、一致性和可靠性。

一个模型是否能够成功导入到 Dimension 中几乎无法提前预知，只有试了才能知道。如果遇到一个 Dimension 所支持的格式模型无法正常导入的情况，可以把问题反馈给 Adobe 公司。

5.3.1 导入 GLB 模型

大多数人都喜欢在自己的办公桌上放一些私人物品、小玩意儿、小摆件。接下来，我们将在桌面上放一个雷达模型摆件。

1. 在 Dimension 的菜单栏中依次选择【文件】>【导入】>【3D 模型】。

> Dn **提示：**【文件】>【导入】>【3D 模型】命令的键盘组合键是 Command+I（macOS）或 Ctrl+I（Windows）。

2. 转到 Lessons > Lesson05 文件夹下，选择 DSN_34M_BWG.glb 文件。
3. 在把雷达模型导入场景中后，可以看到雷达模型比桌子模型要大得多，如图 5.21 所示。很明显，雷达模型的尺寸太大了。接下来，我们要调整雷达模型的尺寸。首先，在菜单栏中依次选择【相机】>【构建选区】，显示出整个雷达模型。

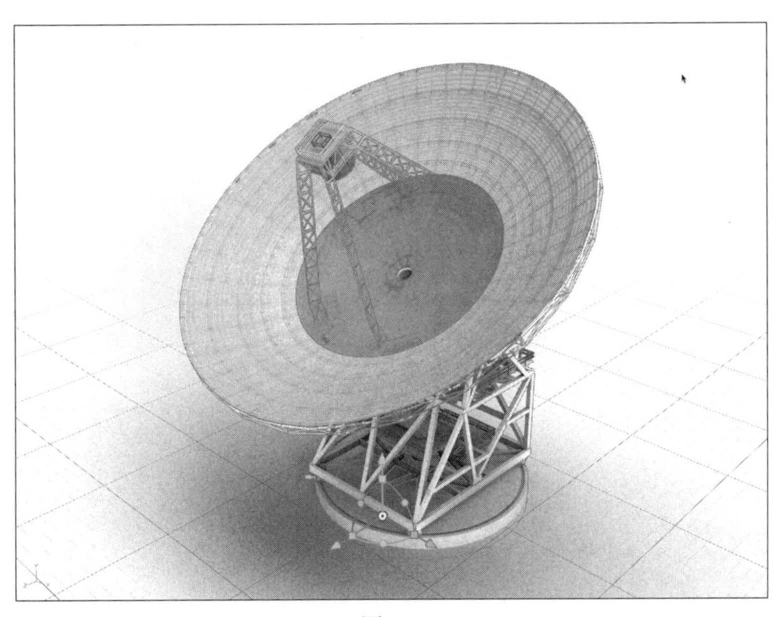

图5.21

Dn **注意：**可以从 NASA 网站免费下载这个雷达模型。

4. 下面通过设置【属性】面板中的【大小】属性来减小模型尺寸。若【大小】属性右侧的【约束比例】图标处于未锁定状态（ ），请单击【约束比例】图标，把 X、Y、Z 同时锁定，这样可以按比例更改模型尺寸。
5. 在 X 字段中，输入 20 厘米，按 Return 或 Enter 键，如图 5.22 所示。

大小

X 20 厘米　Y 21.08 厘米　Z 17.1 厘米

图5.22

6. 在菜单栏中依次选择【相机】>【全部构建】，把场景中的所有模型全部显示出来，如图 5.23 所示。

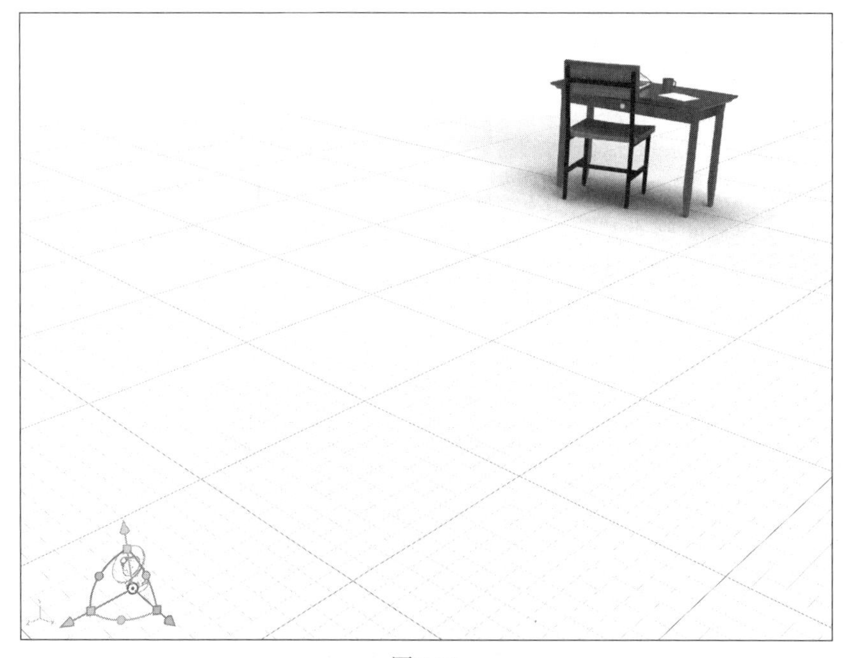

图5.23

7. 此时，雷达模型位于地平面之下。在菜单栏中依次选择【对象】>【移动到地面】，予以修正。
8. 拖动【选择工具】控件上的蓝色箭头，把雷达模型向桌子移动。
9. 在菜单栏中依次选择【相机】>【全部构建】。
10. 拖动【选择工具】控件上的中心点，把雷达模型放到桌面指定的位置上，如图 5.24 所示。

图5.24

5.4 导入用 Photoshop 制作的 3D 模型

在 Photoshop 中，可以挤压文字和其他矢量图形，使其变成 3D 模型。关于如何使用 Photoshop 制作 3D 模型，请阅读下文“使用 Photoshop 挤压文字”中的内容。这里，我们已经事先制作好了，只要将其导出就好。

1. 在 Adobe Photoshop 中，打开“3D text.psd”文件。该文件位于 Lessons >Lesson05 文件夹中。
2. 在菜单栏中依次选择【3D】>【导出 3D 图层】，打开【导出属性】对话框。
3. 在【3D 文件格式】中选择【Wavefront|OBJ】，单击【确定】按钮，如图 5.25 所示。

图5.25

4. 在【另存为】对话框中输入【文件名】为“3D text.obj”，指定存储位置，单击【保存】按钮。

5. 切换到 Dimension，在菜单栏中依次选择【文件】>【导入】>【3D 模型】。
6. 转到保存 3D 文字的目录下，选择“3D text.obj”，单击【打开】按钮。此时，Dimension 会把 3D 文字添加到场景中，但它比桌子大太多了。
7. 在菜单栏中依次选择【相机】>【全部构建】。
8. 下面通过设置【属性】面板中的【大小】属性来减小模型尺寸。若【大小】属性右侧的【约束比例】图标处于未锁定状态（），请单击【约束比例】图标，把 X、Y、Z 同时锁定，这样可以按比例更改模型尺寸。
9. 在 X 字段中输入 30 厘米，按 Return 或 Enter 键，如图 5.26 所示。

大小
X 30 厘米　Y 6.94 厘米　Z 5.06 厘米

图5.26

10. 在菜单栏中依次选择【相机】>【全部构建】。
11. 使用【选择工具】向上拖动中心点（在 3D 文字的【选择工具】控件上的黑白圆圈），使文字吸附到桌面上。调整文字位置，使其位于桌面合适的位置上。
12. 使用相机工具（环绕工具、平移工具、推拉工具、水平线工具），根据需要调整相机位置。
13. 单击【渲染】选项卡，渲染场景。大家可以在 Lesson05 文件夹中找到已经渲染好的文件——Lesson_05_end_render.psd，在 Photoshop 中打开查看即可，如图 5.27 所示。

图5.27

使用Photoshop挤压文字

我们可以在Photoshop中制作挤压文字和其他3D模型，然后把这些模型导入到Dimension中使用。制作步骤大致如下。

1. 在 Photoshop 中新建一个 1000 像素 × 1000 像素的文档。
2. 使用文字工具，输入一个单词或一行文字。
3. 把文字尺寸调大。
4. 在菜单栏中依次选择【3D】>【从所选图层新建 3D 模型】。
5. 弹出一个消息框，询问是否切换到 3D 工作区，单击【是】。
6. 在【属性】面板中，尝试各种【形状预设】【凸出深度】等设置。

5.5 从其他渠道获取 3D 资源

网上售卖 3D 资源的网站很多。出于对 3D 模型复杂性和文件格式的考虑，建议从信誉良好的销售商处购买模型。这样当模型无法导入到 Dimension 中时，可以从他们那里获得技术支持。

下面是一些比较靠谱的 3D 资源销售网站：

- CGTrader;
- Sketchfab;
- Turbosquid。

网上也有一些网站提供免费的 3D 资源，比如：

- 3D Warehouse;
- Google Poly;
- GrabCAD;
- National Institutes of Health;
- Smithsonian;
- Traceparts。

5.6 导入 3D 模型时常遇到的一些问题

在把【初始资源】或 Adobe Stock 中的模型导入 Dimension 中时，这些模型都能以可靠、一致的方式添加到场景中。但是，在导入从其他渠道获取的模型时，有时会碰到一些不可预知的问题。下面是一些常见的问题及其解决方案。

模型比例失调

模型创建者不知道用户要用多大的模型，他们在创建模型时会为模型指定一个尺寸，当把这样的模型导入到 Dimension 中后，模型的尺寸可能非常大，也可能非常小。为了解决这个问题，可以使用【选择工具】调整模型的大小，也可以使用【推拉工具】(键盘快捷键：3）来放大或缩小模型视图。

有时，导入的对象尺寸非常大，一个小小的表面就填满了整个屏幕，导致很难对这个对象进行缩放操作。此时，可以使用【相机】>【构建选区】命令（键盘快捷键：F）缩放视图，使所选对象以合适的大小显示在屏幕上。

对象出现在可视区域之外

有时，对象不会出现在 Dimension 窗口之内。这是由对象的 XYZ 坐标定位与 Dimension 坐标系不一致造成的。出现这种情况时，屏幕边缘会出现一个蓝点图标（●）。单击这个图标，Dimension 会做相应调整，以便我们看到导入的对象。

对象出现在了地平面之下

有时，无法在屏幕上看到导入的对象，因为它完全处于地平面之下。此时可以使用【对象】>【移动到地面】命令把对象快速移动到地平面上，使其在视图中显示出来。

5.7　复习题

1. Dimension 场景中可以导入下面哪种格式的 3D 模型？
    - PSD
    - OBJ
    - MTL
    - CAN
2. Adobe Stock 中的 3D 模型是免费的，还是付费的？
3. 【对象】>【移动到地面】命令有什么用，什么时候用？
4. 若导入的模型大于画布，有什么方法可以快速调整相机位置以显示整个模型吗？

5.8　答案

1. OBJ 是行业内一种标准的 3D 文件格式，许多 3D 建模软件都支持以这种格式导出模型，Dimension 支持导入这种格式的 3D 模型。
2. Adobe Stock 中大部分 3D 模型都需要付费使用，可以购买相应的订购计划。不过，里面也有很多免费的 3D 模型，任何人都可以免费下载使用。
3. 【对象】>【移动到地面】命令用来把所选对象移动到地平面上。当导入的模型位于地平面之下，在视图中看不到时，可以使用这个命令把模型移动到地平面上。
4. 【相机】>【构建选区】命令（键盘快捷键：F）用来快速调整相机位置，使整个模型显示在视图中。

第6课　使用材质

课程概览

本课中，我们将了解各种材质，并学习如何在3D场景中应用材质，涉及如下内容：

- Dimension内置的各种材质；
- 如何导入Adobe Stock中的材质；
- 如何导入从其他渠道获取的材质；
- 如何使用【魔棒工具】选择模型表面，然后应用材质；
- 如何调整发光度、不透明度、半透明度等材质属性；
- 如何在多个模型之间链接材质。

学完本课大约需要45分钟。开始学习之前，请先在数艺设社区将本书的课程资源下载到本地硬盘中，并进行解压。

在 Dimension 中，可以轻松地把不同材质应用到指定模型上，并进行相应调整，包括金属、玻璃、塑料、木材、布料等。

6.1 什么是材质

Dimension 的核心功能之一是把某种材质应用到一个 3D 对象上。材质都是经过精心制作的，目的在于真实模拟现实世界中的各种材料，比如瓷砖、大理石、花岗岩、木材、布料等。

在 Dimension 中，可以向模型应用两类材质：一类是 Adobe 标准材质（MDL 格式）；另一类是 Substance 材质（SBSAR 格式）。MDL 格式是 Nvidia 材质定义语言（NVidia Material Definition Language，MDL）的子集，Adobe 将其称为 Adobe 标准材质。这种格式定义了光线照射到材料表面时的行为方式。例如，光线是否会从物体表面发出？若是，有多少？物体表面是不透明、透明，还是半透明？物体表面是粗糙的，还是光滑的？物体表面是否呈现出金属光泽？若能看到物体内部，内部是半透明的吗？物体会折射光线吗？

MDL 材质可以包含能够控制材质属性的图像。例如，砖块材质可以包含一张用于更改砖块颜色的彩色图像、一张用于产生光泽或哑光效果的凹凸图像、一张用于添加细节（比如表面的毛孔）的正常图像。

SBSAR 材质使用 Substance Designer 软件制作。Adobe 在 2019 年初收购了 Substance Designer 软件的母公司——Allegorithmic。Substance Designer 的专长是创建参数化材质，即通过一个或多个参数来动态控制材质。例如，对于一种参数化的 SBSAR 混泥土材质，可以动态地控制混泥土中裂缝的数目、裂缝宽度、混凝土颜色，以及表面粗糙程度等。即便同一种材质，也可以通过调整参数来使材质表面产生万千变化。

本课中，我们将深入讲解材质。另外，还有一种更改模型表面外观的方法是向模型表面应用一张或多张图形图像，所支持的图像格式包括 JPEG、PNG、AI、PSD、SVG，效果如图 6.1 所示。有关向模型表面应用图形的内容稍后深入讲解。

图6.1

6.2 查找材质

Dimension 的【初始资源】面板中包含几十种材质，包括玻璃、金属、塑料、液体、木材、纸张、皮革、岩石、布料等。此外，还可以从 Adobe Stock 等多种渠道下载成百上千的材质（包括 MDL 与 SBSAR 材质），并把它们应用到模型上。

1. 在菜单栏中依次选择【文件】>【打开】。
2. 在【打开】对话框中，转到 Lessons >Lesson06 文件夹下，选择 Lesson_06_01_begin.dn 文件，单击【打开】按钮。
3. 单击工具面板顶部的【添加和导入内容】图标（⊕），选择【初始资源】。
4. 单击【材质】图标（◐），仅在面板中显示材质。
5. 单击【更多】图标（⋯），再单击【切换列表 / 网格视图】，选择一种喜欢的材质展现方式。向下滚动面板，可以看到许多不同类型的材质，如图 6.2 所示。这些材质是按类型分组的，位于列表顶部的是【Adobe 标准材质】，位于底部的是【Substance 材质】。每种材质的属性都可以更改，我们可以以这些材质为基础生成各种各样的材质。

图6.2

6. 滚动到列表底部，单击【浏览 Adobe Stock】，如图 6.3 所示。

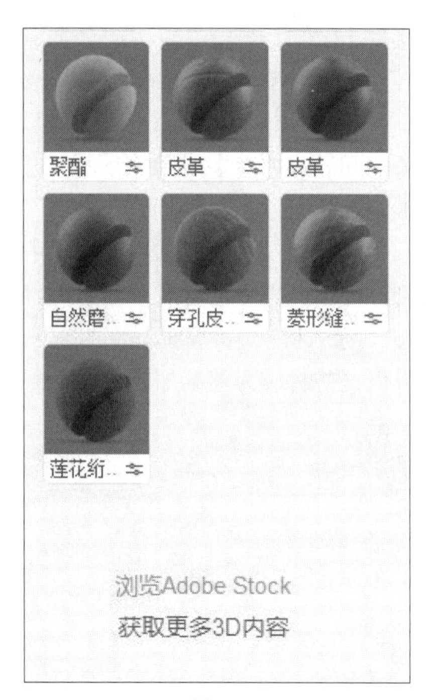

图6.3

此时，默认浏览器启动并打开 Adobe Stock 网站，其中有大量材质可供选用，如图 6.4 所示。

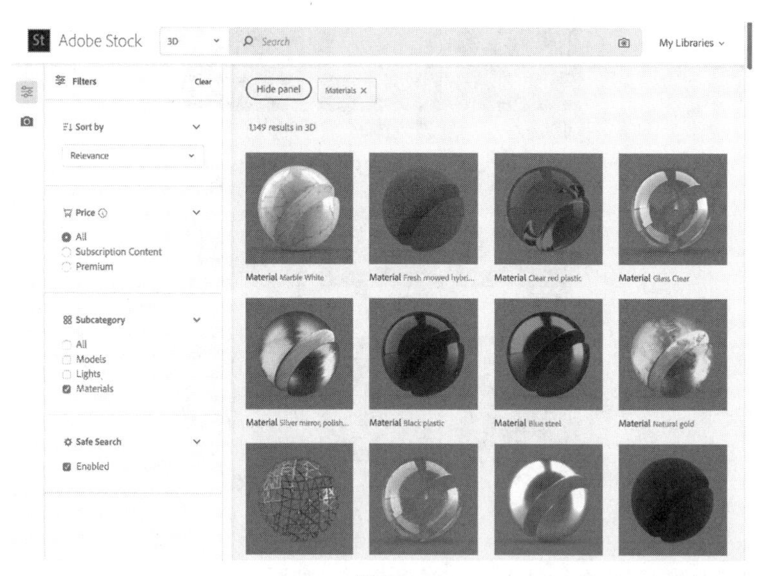

图6.4

提示：若要应用下载好的 MDL 或 SBSAR 材质，请在菜单栏中依次选择【文件】>【导入】>【将材质放在选区上】。

SBSAR材质

若是在www.substance3d.com网站上购买了Substance许可证，就可以使用Substance Designer。借助它，可以创建自己的SBSAR材质。有了许可证之后，还可以从Substance Source下载经过专业设计的材质，如图6.5所示。

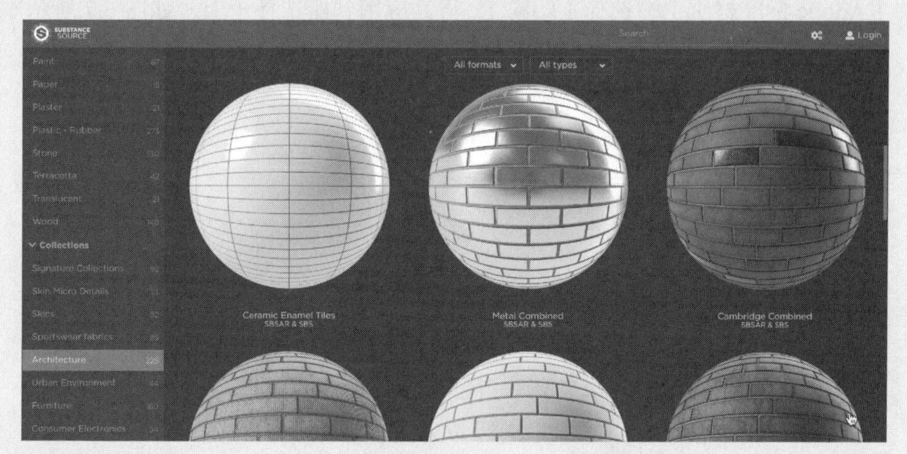

图6.5

从Substance Share下载社区成员提交的免费材质不需要有Substance许可证。当然这些免费材质本身的质量参差不齐。为了找到可以在Dimension中使用的材质，请选择按发布日期列出材质。尽量选择发布日期较近的材质，因为有些老旧材质无法在Dimension中使用，如图6.6所示。

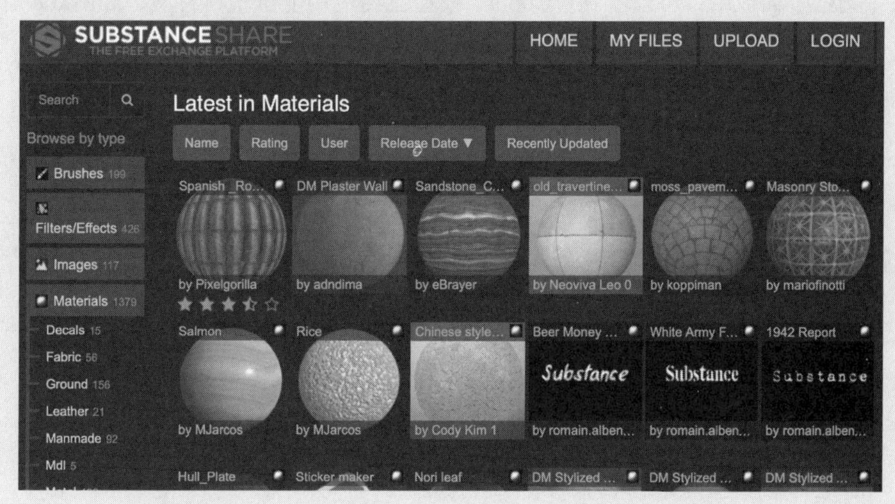

图6.6

6.3 向模型应用材质

下面把【初始资源】中的各种材质应用到场景中的模型上。

1. 选择【选择工具】(键盘快捷键：V)。
2. 在【场景】面板中选择“Cup 2”，即躺在桌面上的杯子。
3. 在【初始资源】面板顶部的资源搜索框中输入“塑料”。
4. 在【Adobe 标准材质】中选择【塑料】，将其应用到所选杯子上，如图 6.7 所示。

图6.7

5. 若当前渲染预览未打开，请单击【渲染预览】图标（），将其打开。在【渲染预览】下，我们能更准确地预览材质。
6. 在【场景】面板中，可以看到“Cup 2”模型已经应用上了塑料材质，如图 6.8 所示。

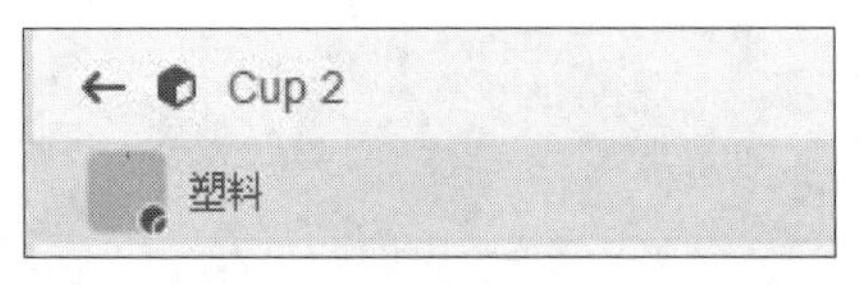

图6.8

> Dn **提示：**在【场景】面板中，在材质视图下，按下 Esc 键或者单击左上角的回退箭头，可以返回至模型列表视图下。

7. 在【场景】面板顶部，单击回退箭头图标（←），返回到模型列表视图下。
8. 在【场景】面板中选择“Cup 3”，即最右侧的杯子。
9. 在【初始资源】面板顶部的资源搜索框中输入“玻璃”，如图 6.9 所示。

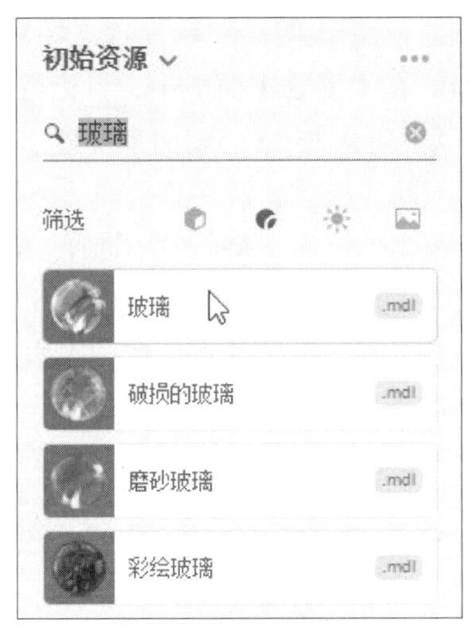

图6.9

10. 选择【玻璃】材质，将其应用到所选杯子上。

6.3.1 通过拖放应用材质

向模型应用材质有一种更简便的方法，即把材质直接从【初始资源】、库、文件系统拖放至模型表面。

1. 在菜单栏中依次选择【选择】>【取消全选】，使场景中的所有模型处于未选中状态。
2. 在【初始资源】面板顶部的资源搜索框中输入“金属”。
3. 把【金属】材质拖动到场景中最左侧的杯子上。当杯子周围出现蓝色框线时，释放鼠标键，如图 6.10 所示。

图6.10

4. 在【场景】面板顶部，单击回退箭头图标（⇐）（或者按 Esc 键），返回到模型列表视图下。
5. Twist Jar 对象是一个编组，在【场景】面板中，可以看到其左侧有一个编组图标（■）。单击编组图标打开编组，其下包含 Lid 和 Jar 两个模型。Twist Jar 由两个独立的模型组成，可以分别向两个模型应用不同的材质。请注意，即使不事先选择编组，也可以打开编组。若不小心选择了 Twist Jar 编组，可以在菜单栏中选择【选择】>【取消全选】，取消选择。
6. 在【初始资源】面板中找到【几何金属】材质（位于 Substance 材质下），将其拖动到场景中的 Twist Jar 模型上。当罐体（注意不是盖子）周围出现蓝色框时，释放鼠标键，如图 6.11 所示。

图6.11

6.3.2 从其他模型获取材质

向一个模型应用材质之后，可以使用【取样工具】把同样的材质轻松地应用到其他模型上。

1. 在【场景】面板顶部，单击回退箭头图标（⇐）（或者按 Esc 键），返回到模型列表视图下。
2. 在【场景】面板中选择 Twist Jar 下的 Lid 模型，如图 6.12 所示。

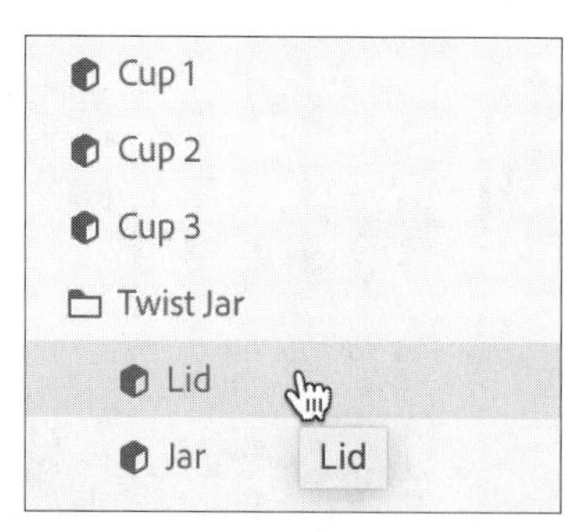

图6.12

3. 在【工具】面板中选择【取样工具】（键盘快捷键：I）。
4. 使用鼠标右键单击【取样工具】，在弹出的面板中检查【取样类型】是否是【材质】，如

图 6.13 所示。这里要吸取材质的所有属性，而不仅是材质颜色。

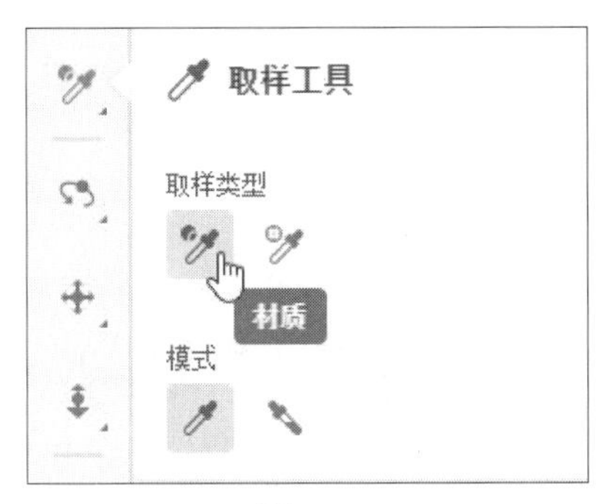

图6.13

5. 在【取样工具】的选项面板之外单击，关闭面板。
6. 单击画布中间的杯子（躺在桌面上的塑料杯），从其获取塑料材质，并应用到当前选中的模型（小罐体的盖子）上，如图 6.14 所示。

图6.14

6.4 更改 MDL 材质属性

前面在向模型应用初始资源中的材质时，都没有更改过材质属性。其实，在应用了某种材质之后，可以在材质的【属性】面板中修改材质属性，对材质进行定制。

1. 在【场景】面板顶部，单击回退箭头图标（←）（或者按 Esc 键），返回到模型列表视图下。
2. 在【场景】面板中，把鼠标移动到“Cup 2”模型上，单击最右侧的右向箭头图标（›），显示出模型材质。
3. 在【属性】面板下单击【底色】右侧的颜色框，在拾色器中把颜色修改为 255（红色）、123（绿色）、0（蓝色），使塑料材质的颜色变成亮橙色，如图 6.15 所示。

> **提示：**在【属性】面板中，把鼠标移动到某个属性名上，鼠标旁边会出现一个问号。此时，单击属性名，Dimension 会显示一段动画，用来解释这个属性的作用。

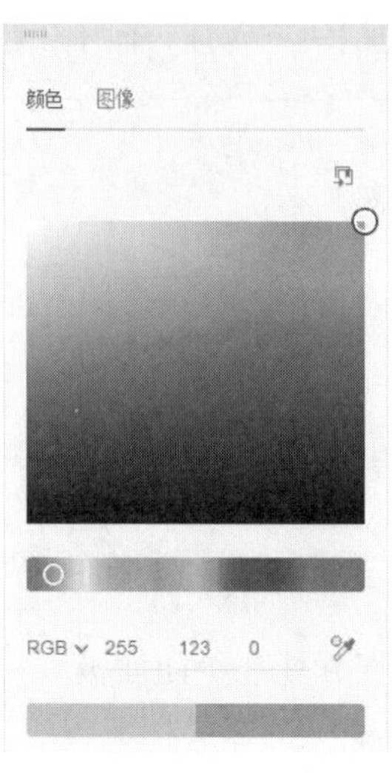

图6.15

4. 再次单击颜色框，关闭拾色器。
5. 在【属性】面板中，把【金属光泽】设置为10%，使物体表面更有光泽一些，如图6.16所示。

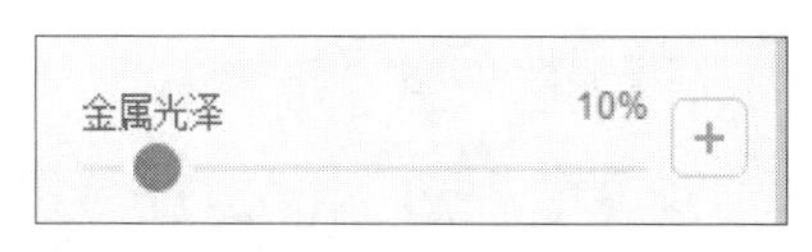

图6.16

由于小罐体的Lid模型的材质取自于Cup 2模型，所以这两个模型使用的是同一种材质——塑料材质，可以看到此时两个模型都是橙色，表面都有反光。更改其中一个模型的材质属性，另一个模型的材质属性也会随之改变。但是，如果只想更改Cup 2模型的材质属性，使其表面粗糙些，少一些光泽，该怎么办呢？此时，需要取消两个模型材质间的链接。

6. 在【操作】面板中，单击【断开与材质的链接】图标（）。此时，两个模型材质间的链接就断开了，可以分别修改它们的属性。
7. 在Cup 2的塑料材质仍处于选中的状态下，在【属性】面板中把【粗糙度】设置为25%。
8. 把【金属光泽】设置为0%，如图6.17所示。

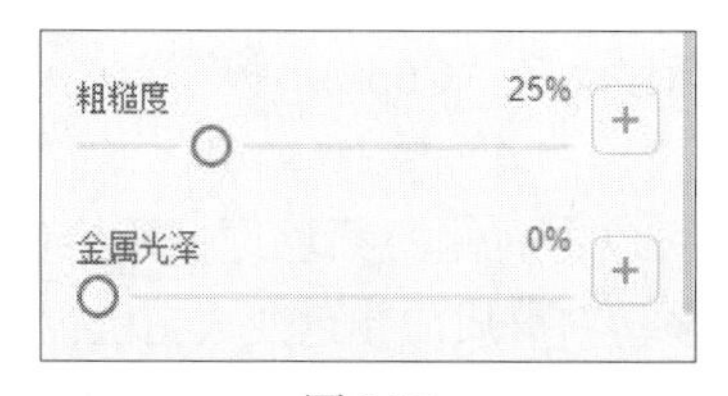

图6.17

9. 在【场景】面板顶部，单击回退箭头图标（）（或者按Esc键），返回到模型列表视图下。
10. 在【场景】面板中，把鼠标放到Cup 1上，单击最右侧的右向箭头图标（），显示出模型材质。

> Dn **提示：**除了上述方法之外，还可以在画布中双击某个模型，此时【场景】面板也会显示出该模型的材质。

11. 在【属性】面板中单击【底色】右侧的颜色框，在拾色器中把颜色设置为255（R）、123（G）、0（B），让杯子表面变成亮橙色。

12. 再次单击颜色框，关闭拾色器。

13. 在【属性】面板中把【粗糙度】设置为30%，减少材质表面反光。

14. 单击【粗糙度】滑块右侧的加号图标（+），如图6.18所示。

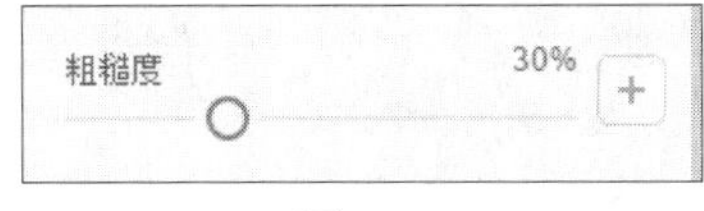

图6.18

15. 单击【选择文件】，如图6.19所示。

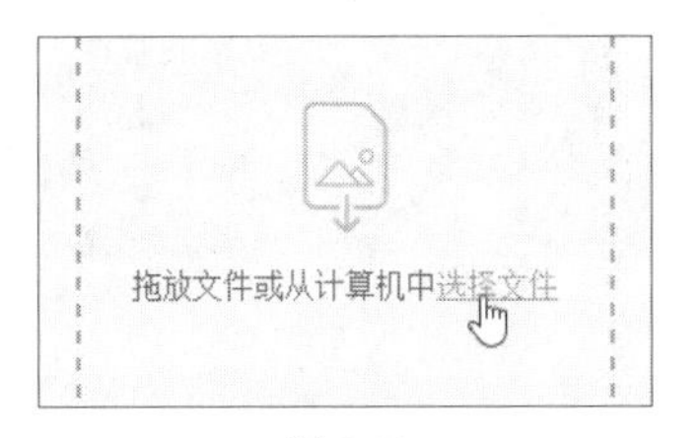

图6.19

16. 选择Dots-white.png文件，单击【打开】按钮。

此时，PNG图像用作蒙版，图像中的黑色区域显示的是光滑的金属表面，白色区域显示的是粗糙表面，如图6.20所示。

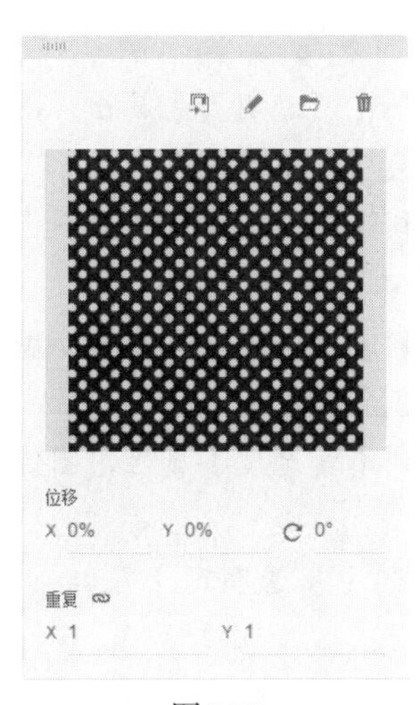

图6.20

17. 按 Esc 键关闭图像选择面板。在【场景】面板中，单击回退箭头，返回到模型列表下，结果如图 6.21 所示。

Dn **提示：**隐藏不需要预览的模型，能够极大提高渲染预览的速度。在【场景】面板中，单击某个模型右侧的眼睛图标（），可以将模型暂时隐藏起来。

图6.21

位图图像如何影响材质属性

在把一种MDL材质应用到所选模型之后，在【属性】面板中，可以把一张位图图像添加到【不透明度】【粗糙度】【金属光泽】【发光度】【半透明度】属性中，用来改变这些属性的行为方式。

- 把一张位图图像添加到【不透明度】属性，图像中的黑色区域代表透明，白色区域代表不透明。
- 把一张位图图像添加到【粗糙度】属性，图像中的黑色区域代表有光泽，白色区域代表无光泽。
- 把一张位图图像添加到【金属光泽】属性，图像中的黑色区域代表无金属光泽，白色区域代表有金属光泽。
- 把一张位图图像添加到【发光度】属性，图像中的黑色区域代表反光，白色区域代表发光。
- 把一张位图图像添加到【半透明度】属性，图像中的黑色区域代表不透明，白色区域代表透明。

6.4.1　更改 MDL 玻璃材质属性

调整材质的【半透明度】属性，可以使这种材质看上去像玻璃或液体。也就是，可以透过这种材质看到其他物体。在【属性】面板的【半透明度】下，可以更改的属性有【半透明度】【折射指数】【密度】【内部颜色】。通过调整这些属性，可以让模型看上去像玻璃、液体或凝胶。

1. 在【场景】面板中，把鼠标放到 Cup 3 模型之上，单击最右侧的箭头（>），显示模型材质。
2. 在【属性】面板中，若【半透明度】属性未展开，单击【半透明度】左侧的右向箭头（>），将其展开。
3. 把【半透明度】设置为 90%，使玻璃更模糊或朦胧一些，如图 6.22 所示。

图6.22

4. 把【折射指数】设置为 2.8，让玻璃折射的光线更多一些，如图 6.23 所示。请注意，只有打开渲染预览，才能看到效果。

图6.23

5. 在【场景】面板顶部，单击回退箭头（←），返回到模型列表下，结果如图 6.24 所示。

图6.24

6.5 更改 SBSAR 材质属性

1. 若 Twist Jar 编组未展开，单击编组图标（■），将其展开。
2. 把鼠标放到 Jar 模型之上，单击最右侧的箭头图标（>），显示其材质，如图 6.25 所示。

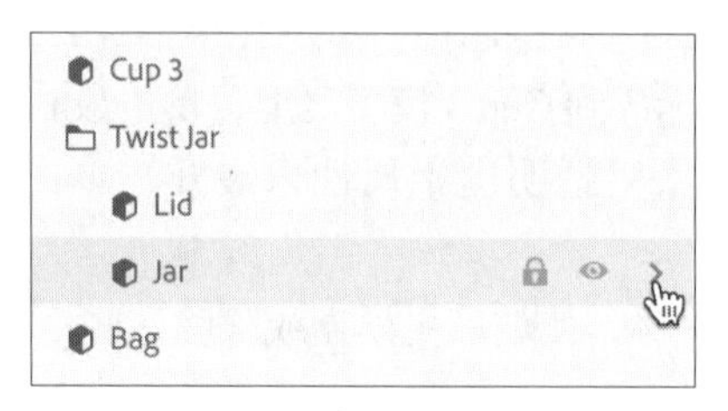

图6.25

3. 几何金属是一种参数化 SBSAR 材质，材质制作者为该材质定义了多个可调参数。在【属性】面板的【重复】下，把 X 与 Y 设置为 2.1，如图 6.26 所示。

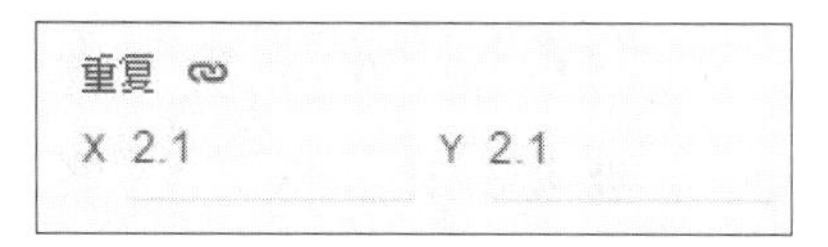

图6.26

4. 在【属性】面板中，尝试调整一下其他参数。这里，我们在【图案选择】中选择【Wind Shim Embossed】，设置【旋转】为 0.27，【间隙】为 0.73，【斜面】为 1.6，其余属性值保持不变，如图 6.27 所示。最终效果如图 6.28 所示。

图6.27

图6.28

6.5.1 向模型不同表面应用不同材质

一个模型可以由一组子模型组成，此时可以非常轻松地选择各个子模型，并应用不同材质。但有时我们使用的模型是一个整体，其各个部分并非以独立的子模型形式存在，这时，应该如何向模型的不同部分应用不同材质呢？

为了解决这个问题，Dimension 提供了【魔棒工具】。Dimension 中的【魔棒工具】与 Photoshop 中的【魔棒工具】类似。当使用【魔棒工具】单击模型的某个表面时，Dimension 会把单击的表面选中，接下来，就可以向其应用指定材质了。

1. 在【工具】面板中双击【魔棒工具】。

2. 把【选区大小】设置为【极小】，如图 6.29 所示。

图6.29

3. 单击 Cup 2（躺在桌面上的杯子）的内侧壁，杯子内侧出现蓝色选择框，如图 6.30 所示。

图6.30

4. 在【内容】面板的搜索框中输入“塑料”。

5. 在【Adobe 标准材质】中选择【塑料】（MDL 材质），把白色塑料材质应用到杯子内壁上，如图 6.31 所示。

图6.31

6. 在【场景】面板中，把鼠标移动到 Cup 2 上，单击最右侧箭头（>），显示其材质。

此时，Cup 2 上应用了两种材质：塑料和塑料 3，如图 6.32 所示。请注意，我们在第二种塑料材质的名称中看到的数字可能不是“3”，这取决于之前做了什么。

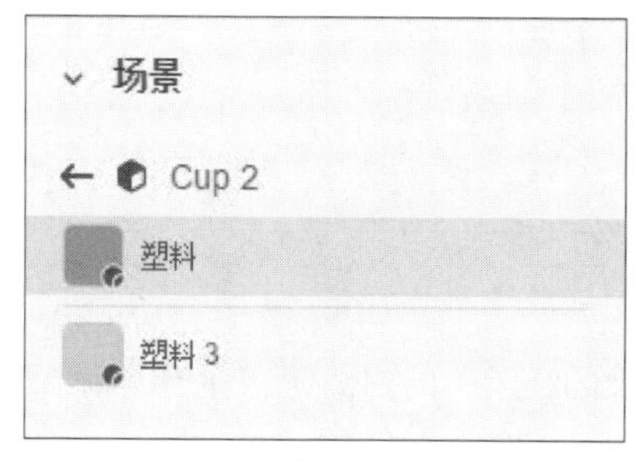

图6.32

7. 在【场景】面板顶部，单击回退箭头（←），返回到模型列表下。

6.5.2 向星星应用材质

虽然场景中的星星模型是一个整体，但可以使用【魔棒工具】选择星星模型的某一些面，然后向这些面应用不同材质。

1. 在【场景】面板中选择 Star 模型。
2. 在菜单栏中依次选择【相机】>【构建选区】，调整相机位置，使星星模型充满整个工作区。
3. 在【内容】面板的搜索框中输入“纸板”。
4. 选择【纸板】（SBSAR 材质），将其应用到星星上。
5. 使用【魔棒工具】单击星星模型上的一个三角形面。此时，被单击的三角形面会蓝色高亮显示，表示其被选中，如图 6.33 所示。

图6.33

6. 按下 Shift 键，隔一个单击一个三角形面，把它们同时选中，如图 6.34 所示。请注意，使用【魔棒工具】时，按住 Shift 键单击可以加选多个面。

图6.34

7. 在【内容】面板的搜索框中输入“纸”。

8. 在 Substance 材质下选择【斜纹纸】(SBSAR 材质)，将其应用到所选三角形面上，效果如图 6.35 所示。

图6.35

9. 在【场景】面板中，把鼠标放到 Star 上，单击最右侧的箭头图标（ ），显示其材质。此时，Star 模型应用有两种材质：纸板和斜纹纸，如图 6.36 所示。

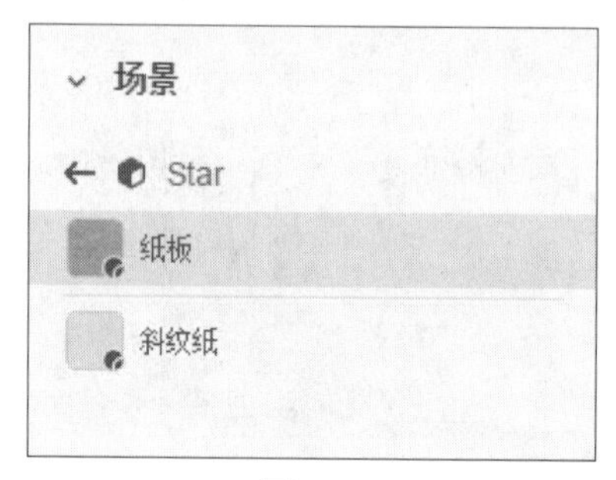

图6.36

10. 单击【相机书签】图标（ ），选择“Final view”，返回到原相机视图下。

6.5.3 向纸袋应用材质

1. 双击【魔棒工具】（键盘快捷键：W）。

2. 把【选区大小】更改为【中】。

3. 单击纸袋正面（不含提绳），如图 6.37 所示。

图6.37

4. 在【内容】面板的搜索框中输入“塑料”。

5. 在【Adobe 标准材质】中选择【带有格子图案的塑料】（MDL 材质），将其应用到纸袋上。

6. 若有时间，可以渲染一下场景，查看最终效果，如图 6.38 所示。或者打开 Lesson_06_ 01_

end_render_ high.psd 文件查看，这个文件是已经渲染好了的。

图6.38

6.6 链接材质与取消材质间的链接

在前面的例子中，我们先从 Cup 2 模型吸取了材质，然后将其应用到了小罐体的 Lid 模型上。这样一来，两个模型会同时链接到同一个材质实例上。当改变其中一个模型的某个材质属性（比如，颜色）时，另外一个模型的材质也会同步发生改变。当然，如果想单独控制每个模型的材质属性，则需断开模型间的材质链接。

Dimension 有一套相当精巧的规则，用来确定何时链接材质以及何时断开材质链接。接下来，我们一起详细了解材质链接，看一下 Dimension 是如何确定材质链接时机的。

6.6.1 同时应用材质到多个模型

在 Dimension 中，可以把某种材质同时应用到多个模型上，也就是把同一种材质链接到多个模型上，从而实现对多个模型材质的快速修改。

1. 在菜单栏中依次选择【文件】>【打开】。
2. 转到 Lessons >Lesson06 文件夹中，选择 Lesson_06_02_begin.dn 文件，单击【打开】按钮。
3. 选择【选择工具】(键盘快捷键：V)。
4. 单击一个球体模型，按住 Shift 键，单击另外两个球体模型，把 3 个球体模型同时选中。请注意，这 3 个球体模型并未编组在一起，如图 6.39 所示。

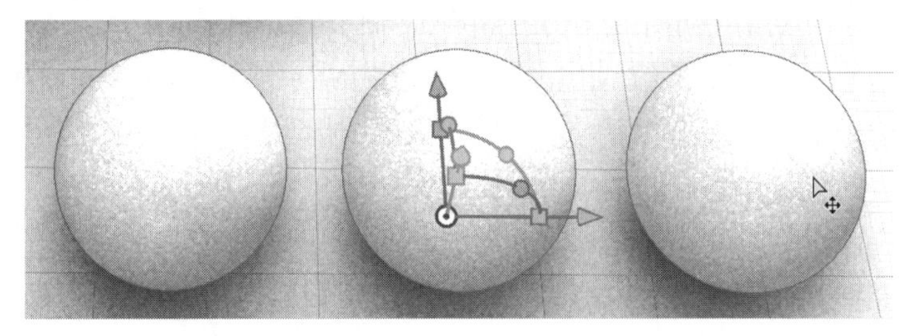

图6.39

5. 在【内容】面板的【Adobe 标准材质】中选择【塑料】(MDL 材质)，将其同时应用到 3 个球体上。通过一次单击将某种材质应用到多个模型上时，该材质就会与多个模型链接在一起。

6. 在菜单栏中依次选择【选择】>【取消全选】，取消选择球体模型。

7. 在【场景】面板中，把鼠标放到 Sphere 1 模型上，单击最右侧箭头（>），显示模型材质。

在【操作】面板中，有一个【断开与材质的链接】图标（）。当选择的材质同时链接到多个模型时，就会出现这个图标。

8. 在【属性】面板中，单击【底色】右侧的颜色框，把颜色更改成一种亮红色，如图 6.40 所示。此时，3 个球体模型的材质颜色都会发生改变，因为它们同时链接到了同一种材质上。再次强调，通过一次单击将某种材质同时应用到多个模型上时，该材质就会与多个模型链接在一起。

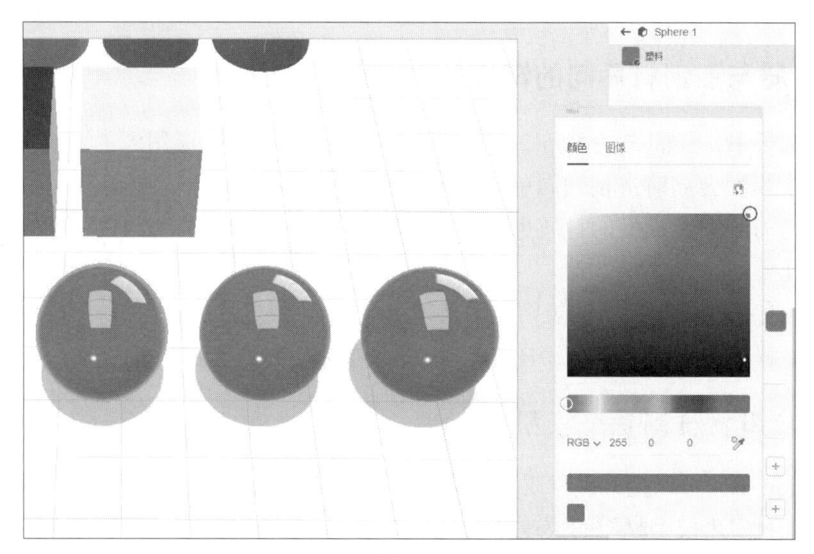

图6.40

6.6.2 断开链接

在把一种材质应用到多个模型后，如果想单独修改其中某个模型的材质，则需要先断开与材质的链接。

1. 单击【场景】面板顶部的回退图标（←），返回到模型列表下。

2. 把鼠标放到 Sphere 2 模型上，单击最右侧箭头图标（>），显示模型材质。

3. 在【操作】面板中单击【断开与材质的链接】图标（）。此时，这个图标从【操作】面板中消失，表示当前模型的材质已经独立出来了。

4. 在【属性】面板中单击【底色】右侧的颜色框，把颜色更改为亮绿色，如图 6.41 所示。

此时，只有 Sphere 2 模型的材质颜色发生了变化，因为它的材质已经独立出来，不再与其他模型链接在一起。

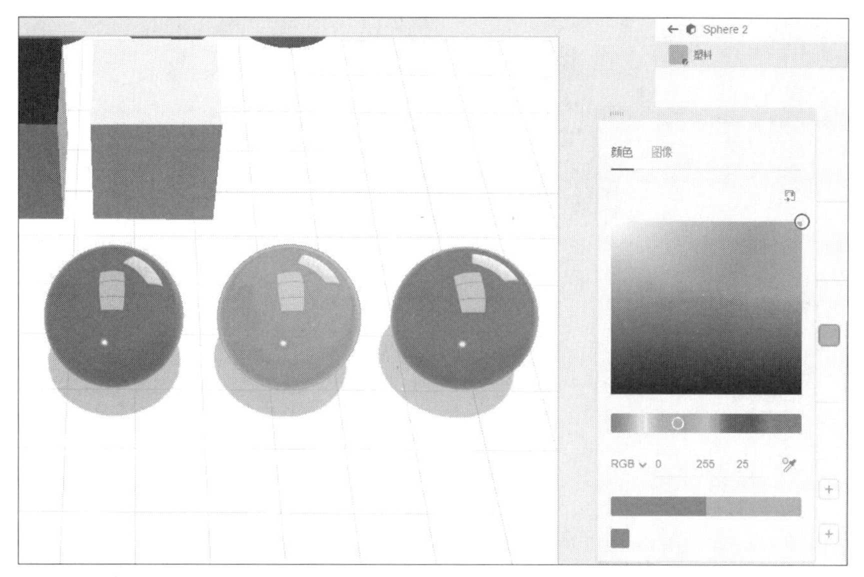

图6.41

6.6.3 逐个模型应用同一材质

在向多个模型应用同一种材质时，若逐个模型应用该材质，则材质不会与多个模型链接在一起。也就是说，每个模型的材质都是所选材质的独立实例，修改一个模型的材质属性并不会影响到其他模型的材质。

1. 在菜单栏中依次选择【选择】>【取消全选】。
2. 在【内容】面板的【Adobe 标准材质】中找到【哑光】，将其拖动到最左侧的球体模型上。
3. 把【哑光】材质拖动到中间的球体模型上，如图 6.42 所示。

图6.42

4. 把【哑光】材质拖动到最右侧的球体模型上。
5. 按 Esc 键，在【场景】面板中显示模型列表。
6. 双击最左侧球体模型，在【场景】面板中显示出模型材质，如图 6.43 所示。

此时，【操作】面板中没有显示【断开与材质的链接】图标（），表示当前所选材质未与其他模型链接在一起。

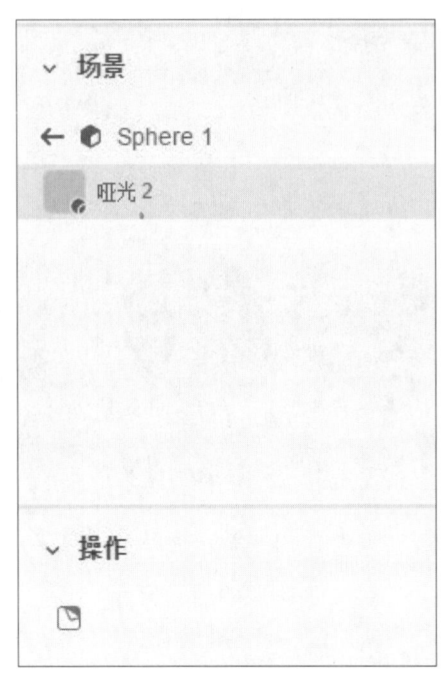

图6.43

7. 在【属性】面板中，单击【底色】右侧的颜色框，把颜色更改为亮红色，如图 6.44 所示。

此时，只有 Sphere 1 的材质变成了亮红色，而其他球体模型的颜色未发生变化，因为 Sphere 1 的材质是独立的，并未与其他模型链接在一起。请记住，当逐个向多个模型应用材质时，即便应用的是同一种材质，这些模型的材质相互间也是独立的，并未链接在一起。

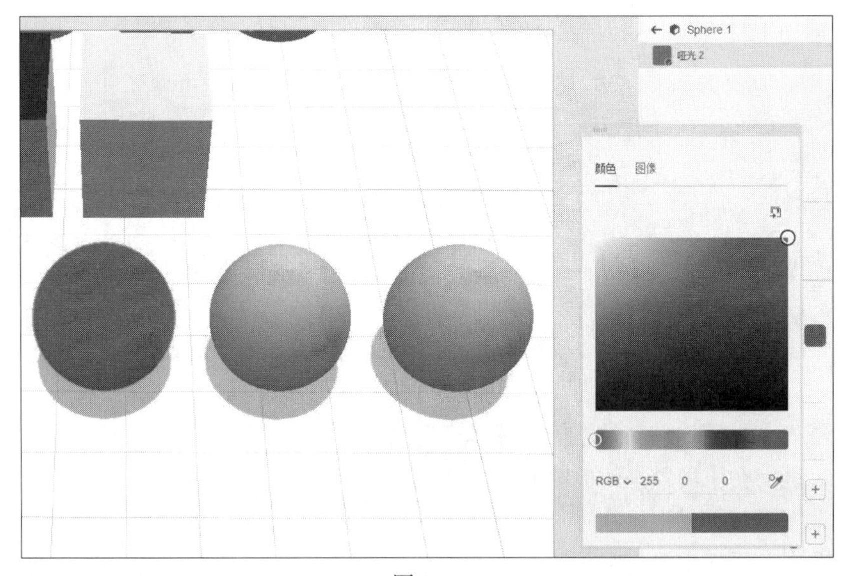

图6.44

6.6.4 使用【取样工具】应用材质

如果想把一个模型上的材质应用到另外一个模型上，可以使用【取样工具】来做到。请注意，使用这种方式应用材质后，两个模型的材质是链接在一起的。

1. 单击【场景】面板顶部的回退箭头（←），返回到模型列表下。
2. 在【场景】面板中单击 Cube 1，将其选中。
3. 在【内容】面板的【Adobe标准材质】中选择【金属】（MDL材质），将其应用到Cube 1表面。
4. 单击【场景】面板顶部的回退箭头（←），返回到模型列表下。
5. 在【场景】面板中单击 Cube 2，将其选中。
6. 选择【取样工具】（键盘快捷键：I），单击画布中的 Cube 1 模型（该模型已应用金属材质）。
7. 此时，【场景】面板中显示的是应用在 Cube 2 模型上的金属材质。同时，在【操作】面板中显示出【断开与材质的链接】图标（），这表示 Cube 1 的金属材质与 Cube 2 链接在一起。
8. 在【属性】面板中，单击【底色】右侧的颜色框，把颜色更改为亮红色，如图 6.45 所示。

由于两个模型的材质是链接在一起的，所以两个模型（Cube 1 和 Cube 2）的材质颜色都发生了变化。请记住，当使用【取样工具】从一个模型吸取材质应用到另外一个模型上后，两个模型的材质就链接到了一起。

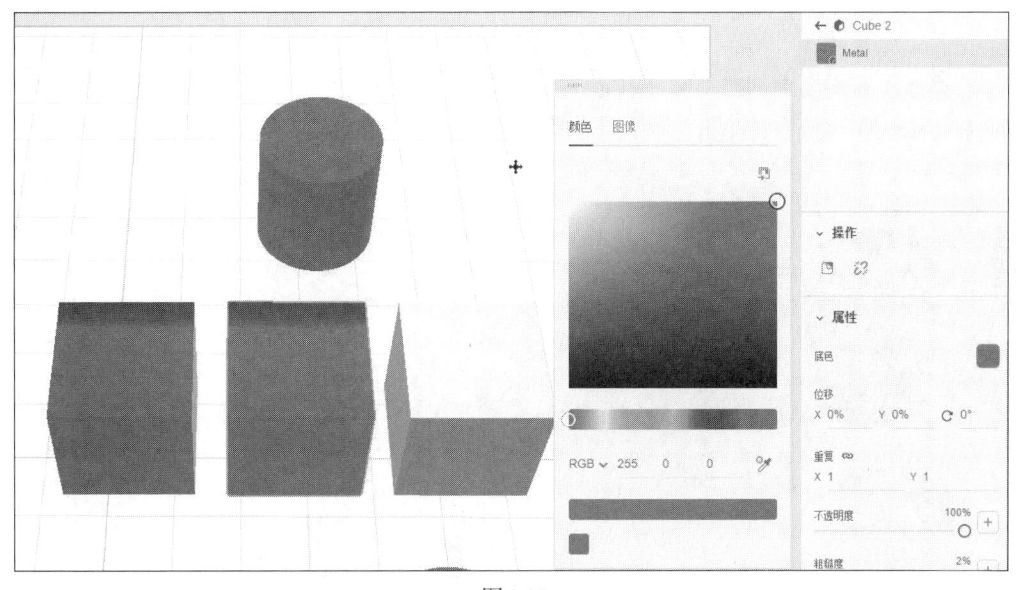

图6.45

6.6.5 【粘贴】与【粘贴为实例】

Dimension 在【编辑】菜单中提供了两个粘贴命令：【粘贴】【粘贴为实例】。在把一个模型复制到剪贴板上后，这两个命令都会粘贴出模型的一个副本，但在模型副本材质与源模型材质的链接方式上有不同。

1. 选择【选择工具】(键盘快捷键：V)。
2. 在【场景】面板中选择 Cylinder 模型。
3. 在菜单栏中依次选择【编辑】>【复制】。
4. 在菜单栏中依次选择【编辑】>【粘贴】。
5. 向右拖动蓝色箭头，把两个圆柱同时显示出来，如图 6.46 所示。

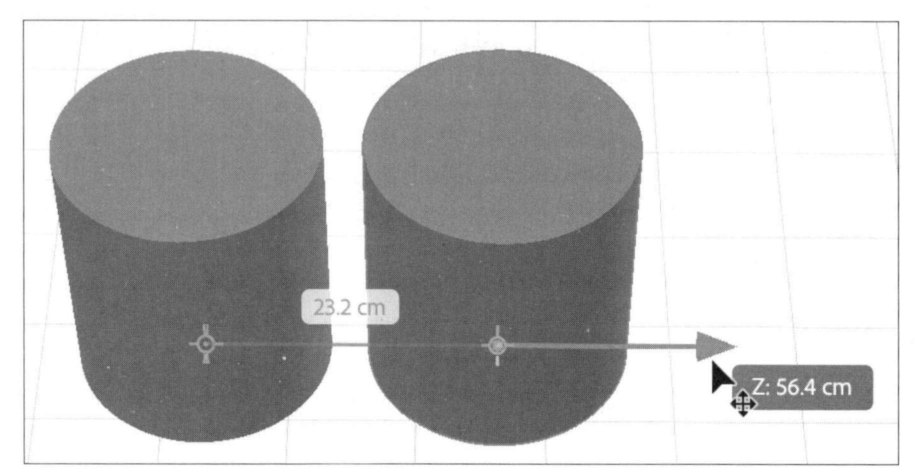

图6.46

6. 在画布上双击刚刚创建的圆柱副本，在【场景】面板中显示圆柱材质。
7. 在【属性】面板中，单击【底色】右侧的颜色框，把颜色更改为亮绿色，如图 6.47 所示。

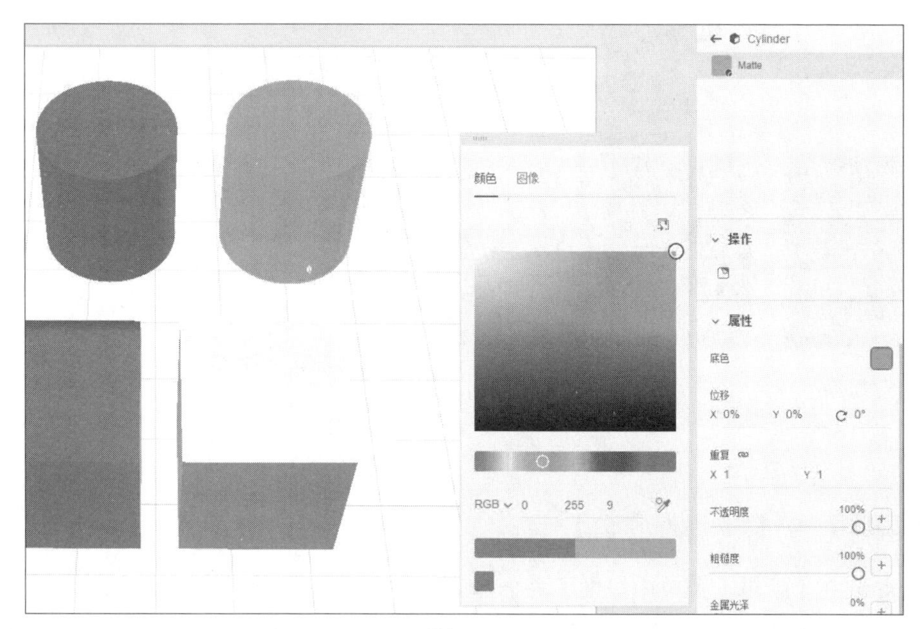

图6.47

由于两个圆柱的材质未链接在一起，所以只有圆柱副本的颜色发生了变化。请记住，使用【编辑】>【复制】/【粘贴】命令，或者按住 Option/Alt 键，通过拖动复制模型时，源模型与模型副本的材质不会链接在一起。

8. 选择绿色圆柱体模型。

9. 在菜单栏中依次选择【编辑】>【复制】。

10. 在菜单栏中依次选择【编辑】>【粘贴为实例】。

11. 向右拖动蓝色箭头，把两个绿色圆柱同时显示出来。

12. 在画布中双击刚刚创建的绿色圆柱副本，在【场景】面板中显示其材质。

13. 在【属性】面板中，双击【底色】右侧的颜色框，把颜色更改为蓝色，如图 6.48 所示。

此时，两个圆柱体的材质颜色都发生了变化，因为两个圆柱体的材质是链接在一起的。请记住，使用【粘贴为实例】命令新建模型时，源模型与模型副本的材质会链接在一起。

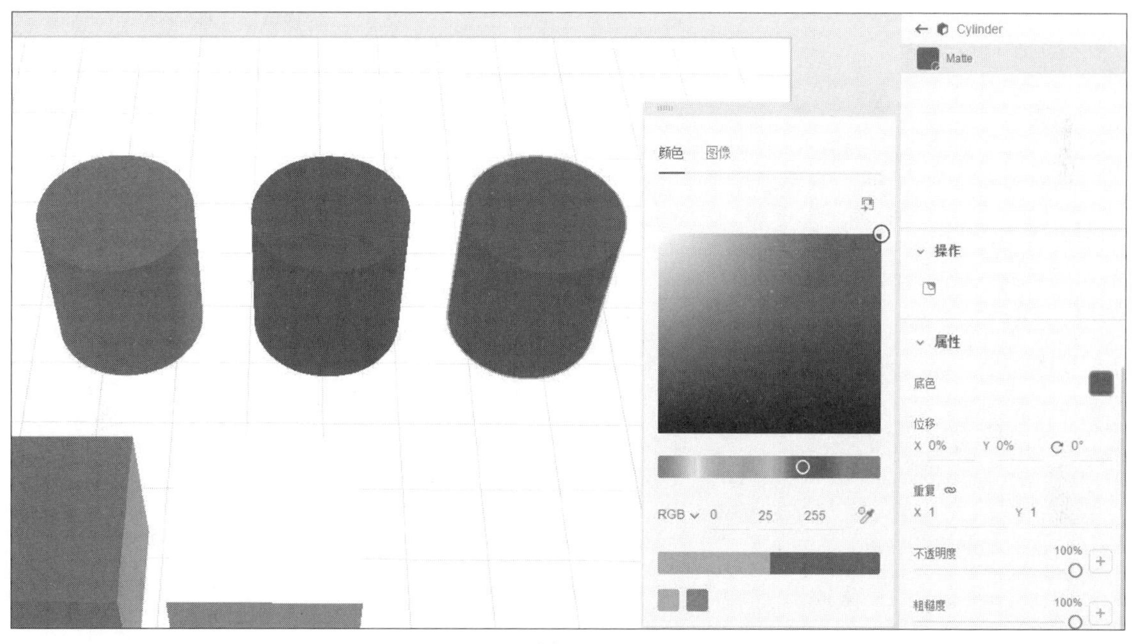

图6.48

6.6.6 链接小结

在 Dimension 中，模型间的材质链接方式归结如下。

- 选择一种材质，同时应用到多个模型时，这些模型的材质是链接在一起的。
- 选择一种材质，逐个应用到多个模型时，这些模型的材质相互独立，并不会链接在一起。
- 使用【取样工具】从一个模型吸取材质应用到另外一个模型上，两个模型的材质链接在一起。

- 使用【编辑】>【复制】/【粘贴】命令，或者按住 Option/Alt 键，通过拖动复制模型时，源模型与模型副本的材质不会链接在一起。
- 复制一个模型，然后使用【粘贴为实例】命令新建模型时，源模型与模型副本的材质会链接在一起。

6.7 复习题

1. MDL 材质与 SBSAR 材质的主要不同是什么？
2. 用什么工具可以把材质应用到同一个模型的不同部分上？
3. 使用【魔棒工具】如何加选？
4. 用什么工具可以从一个模型吸取材质，然后应用到另外一个模型上？
5. 通过拖动方式，向 5 个模型应用同一种材质时，若每次只向一个模型应用材质，那这 5 个模型的材质会链接在一起吗？

6.8 答案

1. MDL 材质有一组相同的可调设置，比如不透明度、粗糙度、金属光泽、半透明度；SBSAR 材质是参数化的，即不同材质拥有不同的参数，具体有哪些参数则由材质制作者决定。
2. 使用【魔棒工具】可以分别选中模型的不同表面，向不同表面应用不同的材质。
3. 使用【魔棒工具】单击选择模型的某个表面，然后按住 Shift 键，单击另外一个表面，即可加选。
4. 在 Dimension 中，可以使用【取样工具】(键盘快捷键：I) 从一个模型吸取材质，将其快速应用到另外一个模型上。
5. 不会。通过拖动方式向 5 个模型应用同一种材质时，若每次只向一个模型应用材质，则每个模型都有独立的材质实例，它们之间不会链接在一起。如果同时选中 5 个模型，然后把某种材质同时应用到 5 个模型，那么这 5 个模型的材质会链接到一起。

第7课　使用Adobe Capture创建材质

课程概览

本课中，我们学习如何使用 Adobe Capture 移动 App 创建材质，涉及如下内容：

- 如何使用 Adobe Capture 创建独一无二的材质并用在 Adobe Dimension 中；
- 如何在 Adobe Capture 中根据需要编辑材质；
- 如何在 Adobe Dimension 中使用由 Adobe Capture 创建的材质。

学完本课大约需要 45 分钟。开始学习之前，请先在数艺设社区将本书的课程资源下载到本地硬盘中，并进行解压。

Adobe Capture 是一款有趣、强大的移动 App，可以用它创建出有趣的材质，并在 Dimension 中轻松把这些材质应用到模型上。

7.1 Adobe Capture 简介

Adobe Capture 是 Adobe 公司出品的一款移动 App，支持 iOS 与 Android 两个系统。借助 Capture，可以轻松地从周围世界捕捉灵感，并转换成文字、笔刷、图案、形状、颜色、渐变，以及材质（在 Dimension 中使用）。

当我们出门之外，看到一个很适合在 Dimension 中使用的材质或纹理时，可以用移动设备上的相机拍下来，然后将其转换成适合在 Dimension 中使用的材质。

7.1.1 下载并安装 Adobe Capture

无论使用的是 iPhone、iPad，还是 Android 设备，都可到 Adobe 的官网中找到下载并安装相应版本的 Adobe Capture。

7.2 抓取材质

可以从拍摄的照片、图片库，以及保存在 Creative Cloud 中的资源上抓取材质。操作步骤如下。

1. 在移动设备上启动 Adobe Capture，并使用 Adobe ID 进行登录，如图 7.1 所示。

图7.1

2. 若 Capture Preferences 已经设置过，Capture 会直接进入相机模式下。单击屏幕左下角的 X，关闭相机。
3. 在屏幕顶部菜单中选择一个 CC 库。若不熟悉 CC 库，请选择 My Library。
4. 单击屏幕顶部的 MATERIALS，如图 7.2 所示。

图7.2

5. 单击相机图标（ ）。
6. 把相机对准一个有趣的纹理或图案，然后按拍照图标（ ），拍摄一张照片，如图 7.3 所示。

> Dn **注意：** 可以随时单击屏幕中央的球体来“冻结”视图。如果你的设备支持，可以单击右上角的“图像调整和效果”图标（ ）来调整所抓图像的曝光度、颜色与特效。

7. 根据需要，调整材质属性，如图 7.4 所示。

- Roughness（粗糙度）：控制材质表面的粗糙程度。该值越大，表面越粗糙，光泽度越低。
- Detail（细节）：控制材质表面细节。细节值加大，材质表面细节增加，锐化度提高。
- Metallic（金属光泽）：控制材质表面的金属光泽度。该值越大，材质表面越有金属光泽。
- Intensity（强度）：增加强度值，表面纹理越明显；减少强度值，表面纹理越不明显。在把材质应用到一个模型时，该值会影响到 Dimension 的【属性】面板中的【法线贴图】（位图图像）。
- Frequency（频率）：控制光影效果。调整频率值，法线贴图的锐化效果会发生变化，材质表面的光影外观也会发生变化。

- Repeat（重复）：改变材质的拼贴大小。在向大模型应用图像时，该值越大，图像越小，重复次数越多。

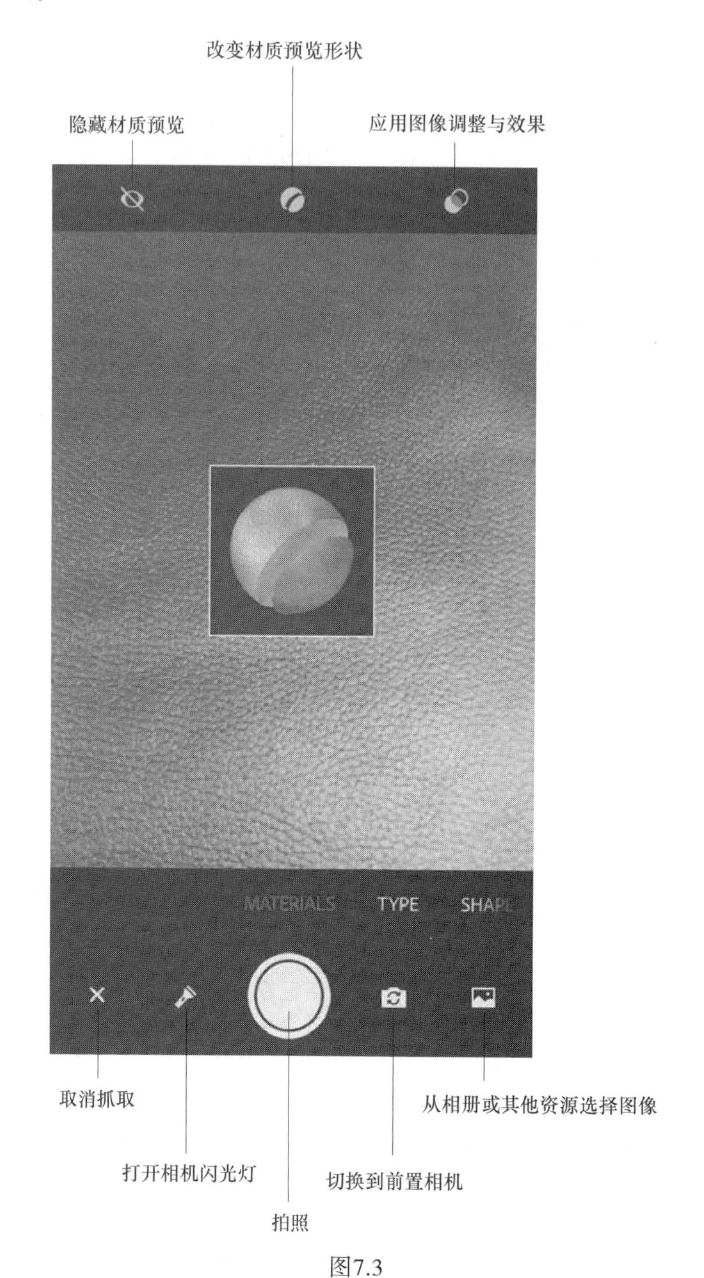

图7.3

- Blend Edges（混合边）：当某种材质在模型表面重复出现时，增加【混合边】的值，Adobe Capture 会尝试在不同拼贴之间混合边缘。

8. 单击【保存】按钮，保存材质。此时，Adobe Capture 会把材质添加到前面选择的 CC 库中。

接下来，就可以在 Dimension 中使用它了。

> Dn **提示**：若想更改材质名称，请单击材质名称右侧的【更多】图标（⋯），从弹出的菜单中选择【Rename】更名即可。

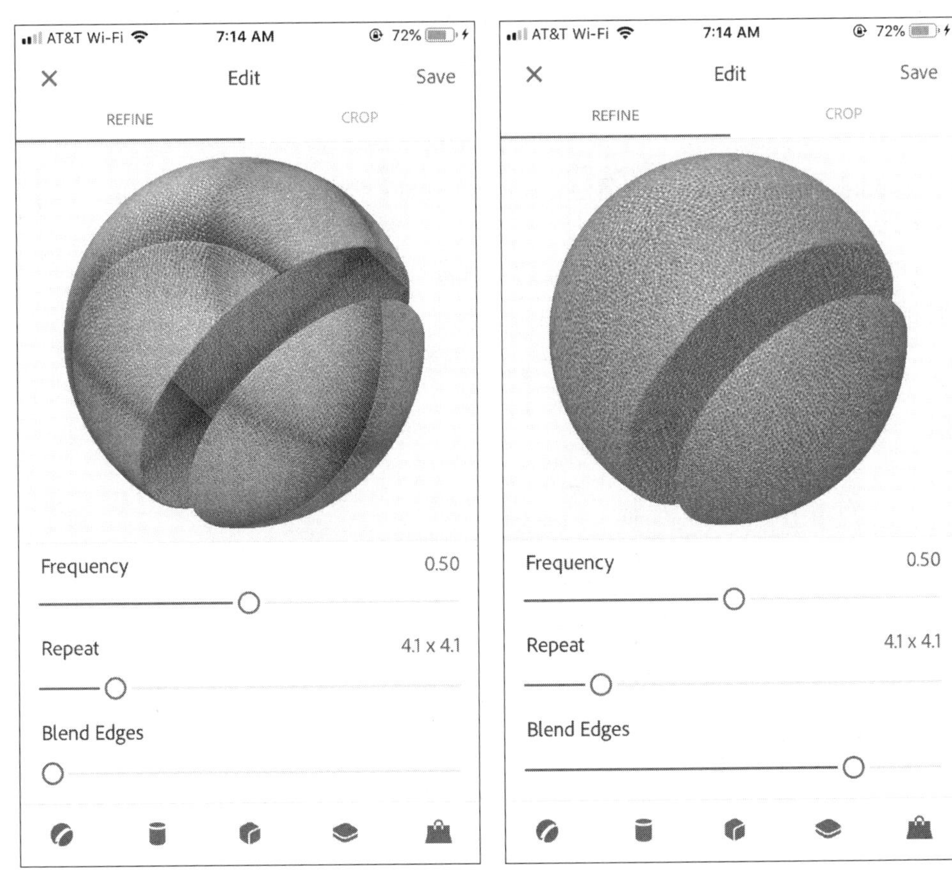

图7.4

7.2.1 从照片抓取材质

除了从移动设备的相机抓取材质之外，还可以从已拍摄的照片中抓取材质，这些照片可以在相机的相册、Creative Cloud 存储器、Lightroom 图库、Adobe Stock 图片库，以及 Dropbox、Google Drive 等里面。

1. 在移动设备上启动 Adobe Capture，如图 7.5 所示。

图7.5

2. 若 Capture Preferences 已经设置过，Adobe Capture 会直接进入相机模式下。单击屏幕左下角的 X，关闭相机。
3. 在屏幕顶部菜单中选择一个 CC 库。若不熟悉 CC 库，请选择 My Library。
4. 单击屏幕顶部的 MATERIALS，如图 7.6 所示。

图7.6

5. 单击【图像】图标（）。
6. 从弹出列表中选择 Stock，访问 Adobe Stock。
7. 在搜索框中输入“texture”，单击【搜索】，显示出成百上千的纹理图片，如图 7.7 所示。

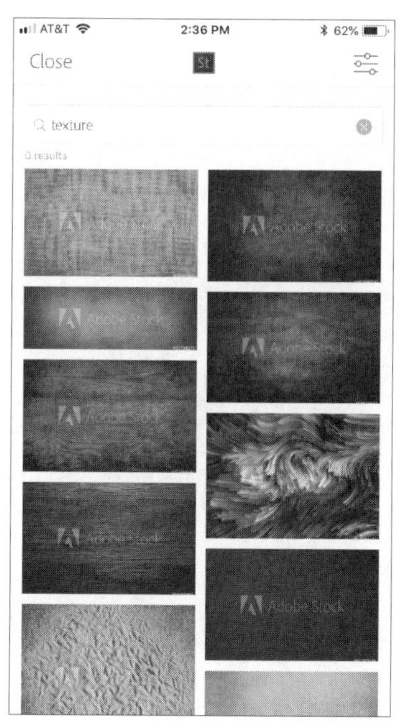

图7.7

8. 单击一张喜欢的纹理图片。
9. 单击【SAVE PREVIEW】(下载带水印的图片)或【LICENSE ASSET】(付费购买图片)按钮，如图 7.8 所示。

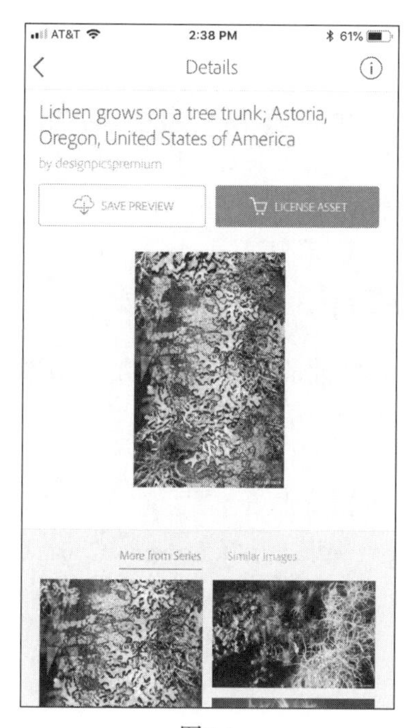

图7.8

10. 选择一个 CC 库来保存图片，如图 7.9 所示。

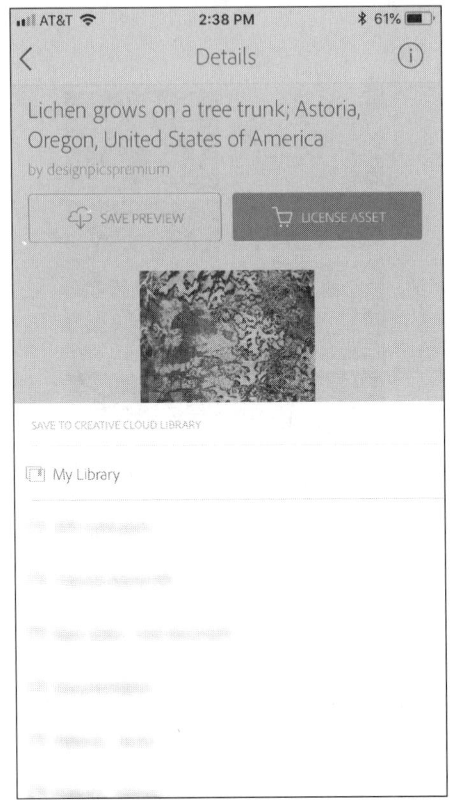

图7.9

11. 单击【抓取】图标（ ），把图片添加到 Adobe Capture 中。

12. 根据需要调整材质属性。

13. 单击【保存】按钮，把材质保存到 CC 库中。

7.3 在 Dimension 中使用 Capture 中的材质

在向模型应用由 Adobe Capture 创建的材质时，其方式与应用其他来源的材质没什么不同。唯一的区别是，需要先在 CC 库中找到要应用的材质。

1. 启动 Adobe Dimension。
2. 在菜单栏中依次选择【文件】>【打开】。
3. 转到 Lessons >Lesson07 文件夹下，选择 Lesson_07_01_begin.dn，单击【打开】按钮。
4. 单击【工具】面板顶部的【添加和导入内容】图标（ ），选择【CC Libraries】。
5. 在【内容】面板搜索框下方的菜单中，选择用来保存抓取材质的库，如图 7.10 所示。

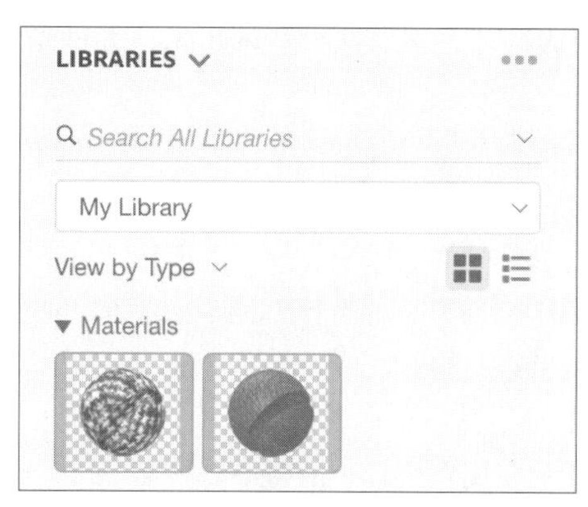

图7.10

6. 找到使用 Adobe Capture 创建的一种材质，将其拖动到画布中的 Prism 模型上。或者先选择 Prism 模型，然后在菜单栏中依次选择【文件】>【导入】>【将材质放在选区上】，最后从 Bricks 文件夹中选择 Material_14.mdl，该【砖墙】材质是使用 Adobe Capture 创建的。
7. 找到另外一种使用 Adobe Capture 创建的材质，将其拖动到画布中的 Pipe 模型上。或者先选择 Pipe 模型，然后在菜单栏中依次选择【文件】>【导入】>【将材质放在选区上】，最后从 Maple 文件夹中选择 Material_6.mdl，该【枫木】材质是使用 Adobe Capture 创建的，如图 7.11 所示。

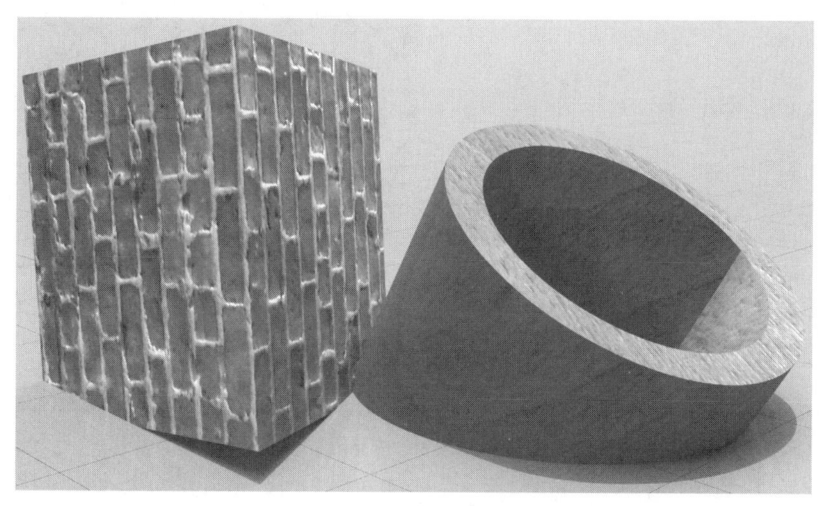
图7.11

7.4 修改材质属性

在 Dimension 中，把 Adobe Capture 创建的材质应用到一个模型之后，可能还得对材质属性做一些调整才能满足需要。Adobe Capture 创建的材质中包含一张具有特定宽度与高度的照片位图，还有其他一些用来定义材质粗糙度、金属光泽、纹理的位图。使用 Adobe Capture 抓取的材质可能会存在一些问题，比如尺寸与方向不合适、接缝清晰可见、太过光滑或粗糙。解决这些问题有如下一些方法。

7.4.1 材质与模型未对齐

1. 在菜单栏中依次选择【文件】>【打开】。
2. 转到 Lessons >Lesson07 文件夹下，选择 Lesson_07_02_begin.dn，单击【打开】按钮。关闭 Lesson_07_01_begin.dn 时选择【不存储】。
3. Prism 模型上的砖块走向不对。在【场景】面板中，把鼠标移动到 Prism 模型上，单击最右侧的箭头（>），显示应用在棱柱上的材质。
4. 在【属性】面板的【旋转】下，输入 −90°（见图 7.12），把 Prism 模型上的砖块走向变成横向的，如图 7.13 所示。

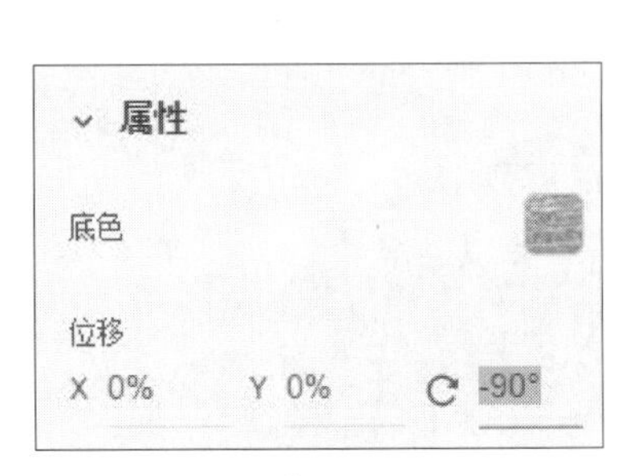

图7.12

图7.13

> **提示：** 有时我们并不能准确地知道要旋转多少度，此时，可以把鼠标放到【属性】面板中的【旋转】图标（C）上，按住鼠标左键，然后左右拖动来改变旋转角度。

7.4.2 相比于模型材质太大或太小

使用 Adobe Capture 创建材质时，我们无法知道图案或纹理相对于模型是大还是小。当材质与模型尺寸不匹配时，可以在 Dimension 中把材质放大或缩小。

1. 在 Prism 模型材质处于未选中的情形下，使用【选择工具】双击画布中的 Prism 模型。
2. 场景中的砖块看着有点大。在【属性】面板中，把【重复】下的 X 值与 Y 值设置为 1.5，如

图 7.14 所示。【重复】值越大，位图尺寸越小，重复次数越多，这样才能盖住整个模型表面；【重复】值越小，位图越大，材质中的可见纹理相对于模型会变得更大。效果如图 7.15 所示。

图7.14

图7.15

7.4.3 把材质应用到模型时出现接缝

有时把材质应用到模型后，会出现一条明显的接缝。例如，在把枫木材质应用到管道模型之后，就有一条明显的接缝，如图 7.16 所示。

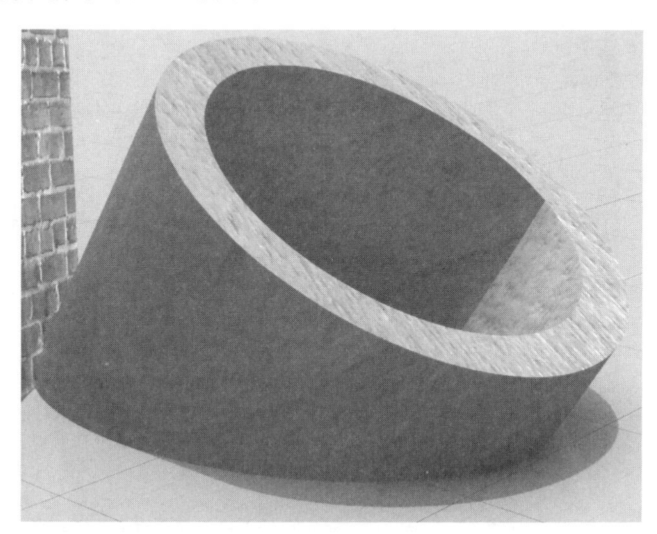

图7.16

产生接缝的原因有多个。首先，如果材质尺寸不够，无法覆盖整个模型，材质就会在模型表面进行重复或平铺。这种情况下，通常就会在材质重复的地方出现接缝问题。

出现这个问题时，有两个方法可以解决：在 Adobe Capture 中创建材质时，通过调整【混合边】的值进行修复；通过在【属性】面板中调整偏移或重复值来隐藏接缝。

管道模型上的接缝是由枫木材质在圆柱内表面上卷绕引起的。解决这个问题的方法只有一个，那就是旋转一下管道，把接缝隐藏起来。

1. 若当前有材质处于选中状态，先按 Esc 键，然后使用【选择工具】选择 Pipe 模型。
2. 双击【选择工具】，确保【与场景对齐】处于关闭状态，如图 7.17 所示。这样在旋转管道时，管道会绕着倾斜轴旋转，而非绕着垂直轴旋转。

图7.17

3. 向左拖动变换控件上的绿色圆圈，沿顺时针方向旋转 Pipe 模型，直到接缝看不见，如图 7.18 所示。

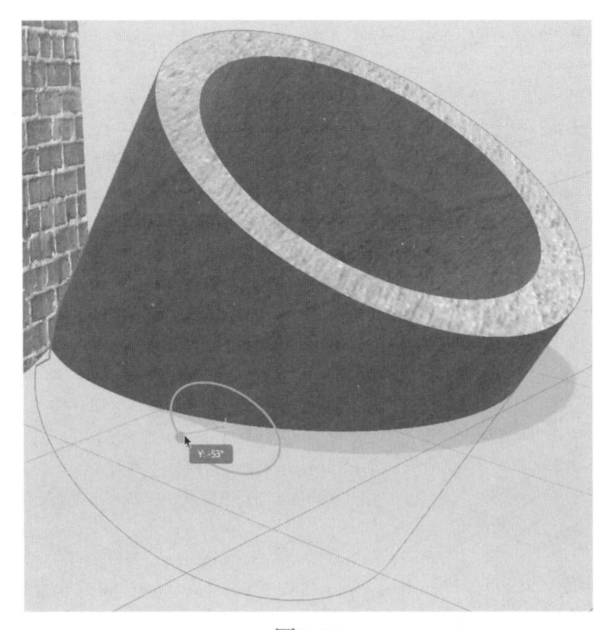

图7.18

7.4.4 材质中表面细节过多或过少

使用 Adobe Capture 创建的材质中含有法线贴图。法线贴图是一张位图图像，用来控制表面对光影的影响方式。位图中明暗区域间的反差会影响表面纹理中高低点的差异程度。当阳光以一定角度照射到模型表面时，这种效应最明显。

本示例中，当阳光照射到砖块上时，砖块之间看起来应该有白色灰浆渗出，如图 7.19 所示。

图7.19

1. 把鼠标放到 Prism 模型上，单击最右侧的箭头图标（>），显示出模型材质。
2. 在【属性】面板中，单击【法线贴图】右侧的图像选框，显示当前法线贴图中选择的位图图像，如图 7.20 所示。

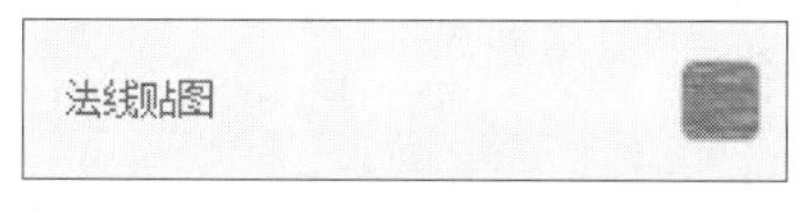

图7.20

3. 单击【编辑】图标（✎），在 Photoshop 中编辑图像，如图 7.21 所示。

图7.21

4. 在 Photoshop 的菜单栏中依次选择【图像】>【调整】>【亮度 / 对比度】。
5. 在【亮度 / 对比度】对话框中勾选【使用旧版】，把【对比度】设置为 −75，如图 7.22 所示。加大对比度后，表面纹理会更明显；减小对比度，表面纹理会变得不明显。

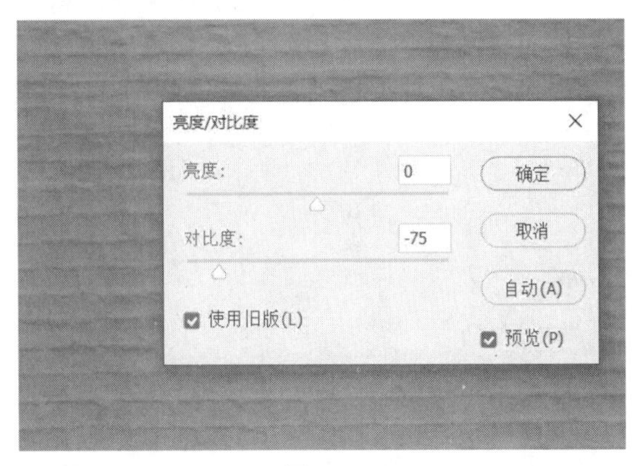

图7.22

6. 单击【确定】按钮。
7. 在菜单栏中依次选择【文件】>【关闭】，在询问是否存储更改的对话框中，选择【是】。
8. 返回到 Dimension 中，在图像选择面板之外单击，关闭它。此时，会看到表面纹理没那么明显了，如图 7.23 所示。

图7.23

9. 在【属性】面板中，再次单击【法线贴图】右侧的图像选框，如图 7.24 所示。

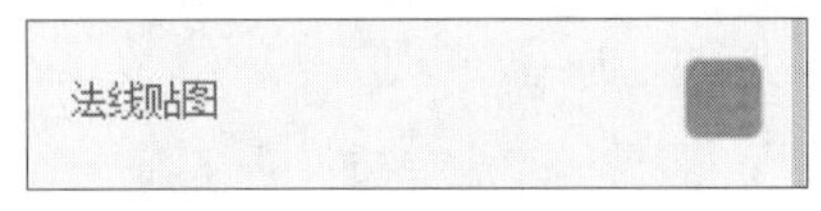

图7.24

10. 单击【删除文件】图标（🗑），删除法线贴图，如图 7.25 所示。

图7.25

11. 现在，砖头与灰浆纹理应该十分平坦地出现在棱柱模型上，如图 7.26 所示。

图7.26

7.4.5　材质太光滑或太有光泽

使用 Adobe Capture 创建材质时，可以在一定程度上控制材质的金属光泽度。但在把 Capture 材质应用到模型之后，就无法再编辑材质的粗糙度和金属光泽度了。其实，还是可以使用一些小技巧来修改材质的粗糙度和金属光泽度。

1. 把鼠标放到 Pipe 模型上，单击最右侧的箭头图标（ ），显示出模型材质。

在【属性】面板中，会看到【粗糙度】和【金属光泽】滑块都处于灰色不可用状态，也就是说，我们无法改变它们。但如果真的想改变它们，还是有一个小技巧可用的。

2. 单击【粗糙度】右侧的小方框，如图 7.27 所示。

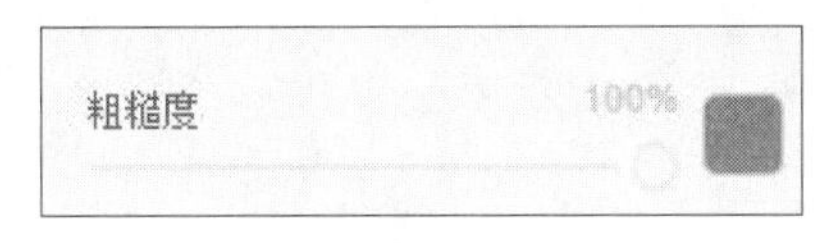

图7.27

3. 单击【删除文件】图标（🗑），移除源自 Capture 的位图，如图 7.28 所示。此时，就可以调整【粗糙度】滑块了。

图7.28

4. 单击【金属光泽】右侧的小方框。
5. 单击【删除文件】图标（🗑），移除源自 Capture 的位图。此时，就可以调整【金属光泽】滑块了。
6. 现在，就可以完全控制模型表面的光滑度和光泽度了。把【粗糙度】设置为 53%,【金属光泽】设置为 0%，如图 7.29 所示。最终效果如图 7.30 所示。

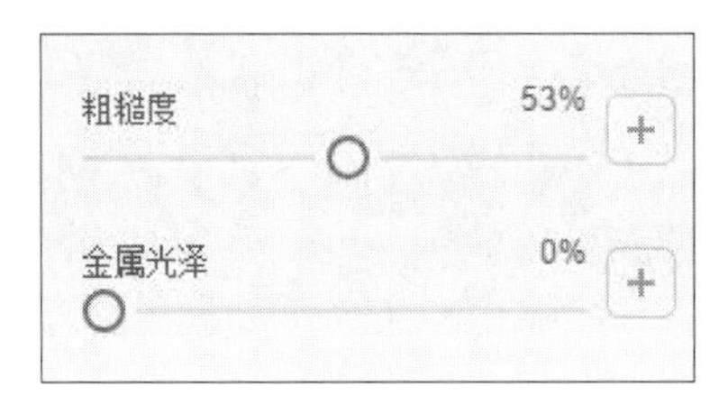

图7.29

图7.30

7.5 复习题

1. 在 Adobe Capture 中编辑材质时，【Metallic】（金属光泽）滑块有什么用？
2. 使用 Adobe Capture 创建材质时，除了从移动设备的相机抓取材质外，还可以从哪里抓取材质？
3. 向模型应用 Capture 创建的材质时，若尺寸不对，该怎么办？
4. 向一个模型应用了材质之后，为什么会出现接缝？

7.6 答案

1. 【Metallic】（金属光泽）滑块用来控制材质表面的金属光泽度。
2. 可以使用 Adobe Capture 从一张图片创建材质，这张图片可以存在相机的相册，Creative Cloud、Dropbox 或 Google Drive 中。当然，Adobe Capture 还可以使用 Adobe Lightroom、Adobe Stock 中的图像来创建材质。
3. 根据需要，调整【属性】面板中的【位移】【旋转】【重复】值，可以改变模型上材质的大小、位置。
4. 若用于创建材质的位图图像尺寸不够大，无法覆盖整个模型，则材质上就会出现接缝。为了解决这个问题，可以调整【属性】面板中的【位移】【旋转】【重复】值，或者调整模型位置，把接缝隐藏起来。

第8课　选择对象与表面

课程概述

本课中，我们将学习如何在画布中选择对象与表面，涉及如下内容：

- 使用【选择工具】选择画布中对象的两种方法；
- 使用工具选项改变【选择工具】的行为；
- 如何只选择一个模型组中的特定模型；
- 如何快速对齐与分布多个模型；
- 如何准确选择模型的特定面；
- 如何把一个模型拆分成多个子模型。

学完本课大约需要 45 分钟。开始学习之前，请先在数艺设社区将本书的课程资源下载到本地硬盘中，并进行解压。

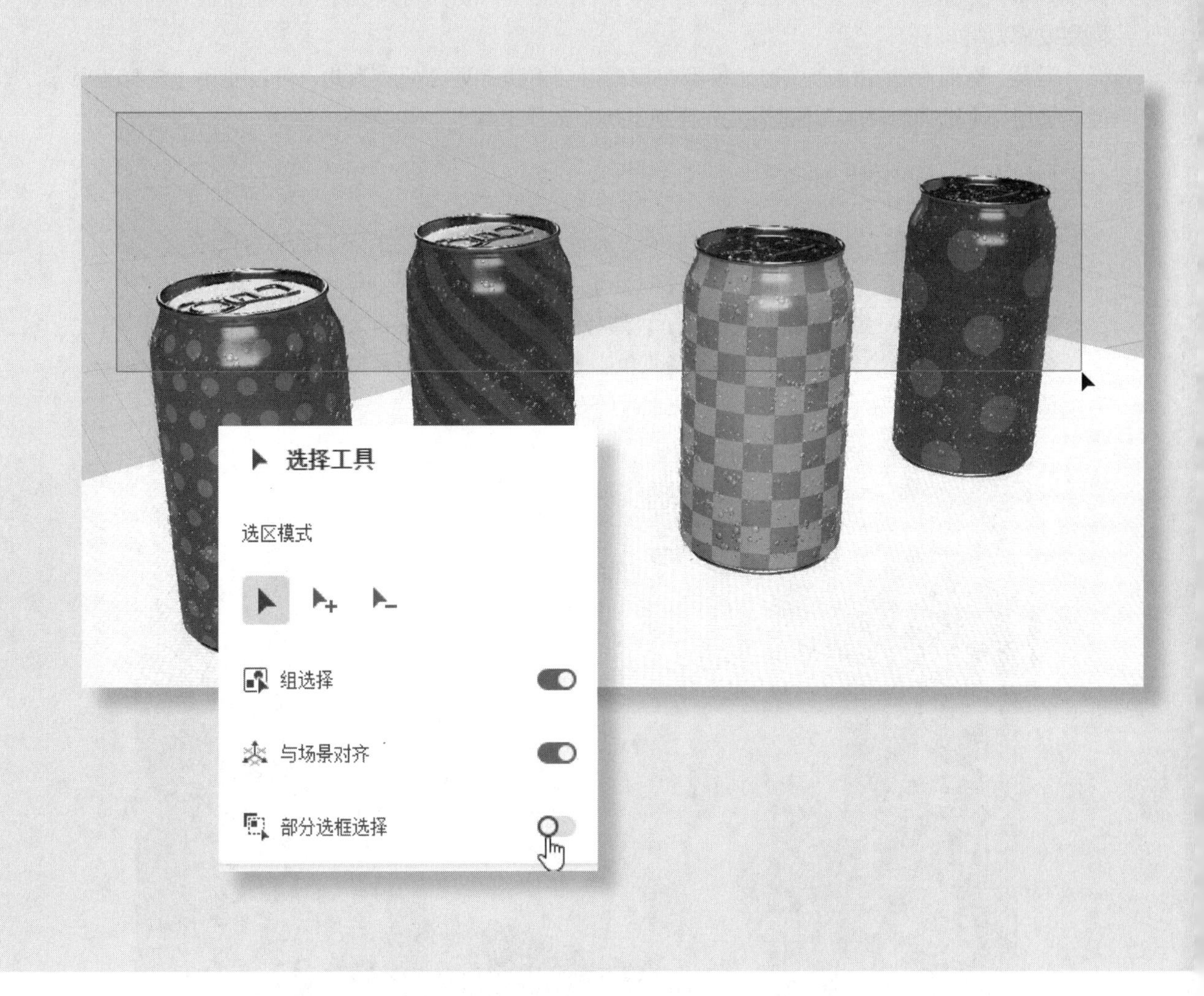

要想快速、准确地选择场景中模型的某些区域，最重要的是先学会使用【选择工具】的控制选项。

8.1　使用【选择工具】选择对象

在前面的课程中，常用的选择模型的方法是在【场景】面板中单击模型或模型组的名称。这种方法有 3 个明显的优点。第一，选择准确。使用这种选择方法，可以准确地选中要选的模型，不会出现多选问题。第二，可以把注意力集中到【场景】面板上，这有助于了解模型是怎么编组的，有哪些模型处于锁定状态，以及有哪些模型处于隐藏状态。这在制作复杂项目时特别有用，因为制作过程中需要经常看【场景】面板。第三，不管当前是什么工具，都可以在【场景】面板中选择模型或模型组。例如，当前是【环绕工具】的情形下，仍然可以在【场景】面板中选择指定的模型或模型组。

但是，有时直接在画布中选择模型或模型组会更快，更方便。为此，可以使用【选择工具】。但若想用好【选择工具】，还是需要先详细了解【选择工具】。

8.1.1　单击选择多个对象

使用【选择工具】选择画布中的对象时，通过调整控制选项会有不同的选择效果。

1. 在菜单栏中依次选择【文件】>【打开】。

2. 转到 Lessons > Lesson08 文件夹下，选择 Lesson_08_begin.dn 文件，单击【打开】按钮。

在【场景】面板中，可以看到整个场景包含 5 个模型组（4 个易拉罐、一张桌子）、一个香蕉、一个地板，如图 8.1 所示。

图8.1

3. 在【场景】面板中，把鼠标移动到 Table 编组上，单击锁图标（![]），将其锁定，防止在后续操作中意外选中桌子。
4. 单击【相机书签】图标（![]），选择“Four cans”书签，放大易拉罐模型。
5. 选择【选择工具】(键盘快捷键：V)。
6. 单击红色易拉罐，将其选中。此时，红色易拉罐上出现【选择工具】控件，表示当前其处于选中状态，如图 8.2 所示。同时，在【场景】面板中，“Red can”模型组也处于高亮状态。

图8.2

7. 在【工具】面板中，使用鼠标右键，单击【选择工具】，打开控制选项面板。在【选区模式】下，单击【添加到选区】图标（![]），如图 8.3 所示。

图8.3

8. 在控制选项面板之外单击，将其关闭。
9. 单击蓝色易拉罐，将其添加到选区中。此时，【选择工具】控件移动到两个模型之间，同时两个模型在【场景】面板中高亮显示出来。
10. 单击绿色易拉罐，再单击紫色易拉罐。此时，所有易拉罐同时处于选中状态。
11. 在【工具】面板中，使用鼠标右键单击【选择工具】，打开控制选项面板。在【选区模式】下，单击【从选区中减去】图标（![icon]）。
12. 在控制选项面板之外单击，将其关闭。
13. 单击绿色易拉罐，取消选择它。此时，只有 3 个易拉罐处于选中状态，这可以从【场景】面板中看出来，如图 8.4 所示。

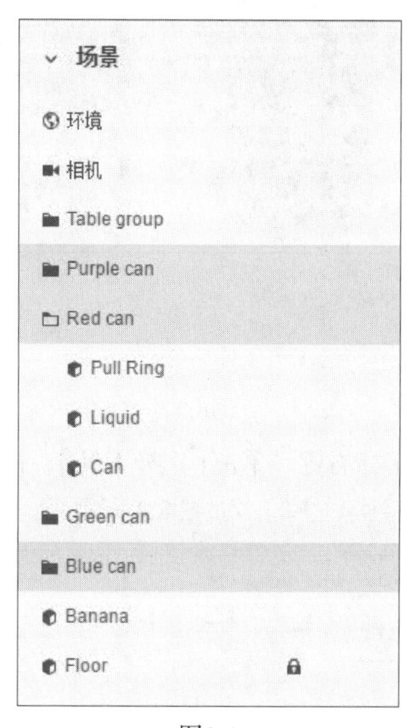

图8.4

提示： 与【添加到选区】和【从选区中减去】对应的键盘快捷键都是 Shift。在【选择工具】处于选中的状态下，按住 Shift 键，单击未选择的模型，可以将其添加到现有选区中；按住 Shift 键，单击处于选择状态的模型，可以将其从现有选区中减去。

14. 把蓝色箭头向左拖动一点，同时移动 3 个易拉罐。请注意，对 3 个易拉罐进行移动、选择、缩放等变换操作时，不需要事先把它们编入一个分组中。只要 3 个易拉罐同时处于选中状态，即可同时对它们进行变换操作。

8.1.2 框选多个对象

在一个包含很多对象的复杂场景中，如果只想选择其中几个对象，且这几个对象并非紧挨着，此时使用【选择工具】进行选择时，最好把【添加到选区】选项打开。但是，如果待选的几个对象靠在一起，中间没有其他对象隔开，那使用框选方式进行选择会更加便捷。

1. 在菜单栏中依次选择【选择】>【取消全选】，取选所有易拉罐。
2. 在【工具】面板中，使用鼠标右键单击【选择工具】，打开控制选项面板。在【选区模式】下，单击【新建选区】图标（▶）。

此时，【选择工具】进入【新建选区】模式，每单击一个对象，Dimension 就会新建一个选区，而非将其添加到现有选区，或从现有选区中减去。通常，在开启了【添加到选区】或【从选区中减去】选项后，用完后可能会忘记关闭这些选项，这会导致使用选择工具时得不到想要的结果。

Dn

注意：【工具】面板中许多工具都有控制选项，这些控制选项会在 Dimension 整个运行期间起作用。比如，双击【选择工具】，把【选区模式】更改为【添加到选区】后，该模式不仅在当前文件中起作用，在处理其他文件时也会起作用。直到退出 Dimension 后，各个工具的控制选项才会恢复到默认状态下。

3. 在控制选项面板之外单击，将其关闭。
4. 把鼠标放到红色易拉罐的左上方，按下鼠标左键并向右下方拖动，使矩形选框包裹住 4 个易拉罐的顶部，如图 8.5 所示。

请注意，凡是矩形选框“碰”到的对象都会被选中。在【场景】面板中，可以看到 4 个易拉罐都被选中了。在进行框选时，并不需要把整个模型（或模型组）都框起来，只要框住模型（或模型组）的一部分即可将其选中。

图8.5

5. 在菜单栏中依次选择【选择】>【取消全选】，取消选择易拉罐。
6. 单击【相机书签】图标（ ），选择【Banana】，更改场景视图。
7. 在【工具】面板中，使用鼠标右键单击【选择工具】，单击【部分选框选择】选项，将其关闭，如图 8.6 所示。

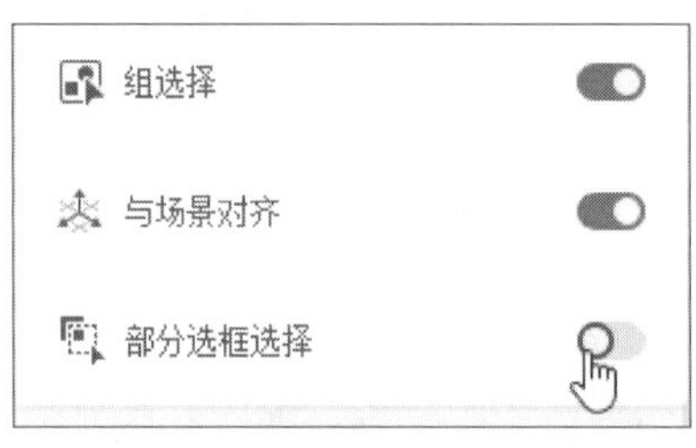

图8.6

在【部分选框选择】选项处于关闭的状态下，在拖选时，必须使矩形选框完全裹住模型，才能将其选中。

8. 在工具选项面板之外单击，将其关闭。

> Dn **注意：** 当前【部分选框选择】选项的状态（关闭或开启）可以通过矩形选框有无淡蓝色背景来做判断。若矩形选框带淡蓝色背景，则表示【部分选框选择】选项处于开启状态；若无淡蓝色背景，则表示处于关闭状态。

9. 拖选香蕉模型，使矩形选框只裹住香蕉的一部分，如图 8.7 所示。

此时，香蕉模型未被选中，因为矩形选框并未把整个模型完全裹住。

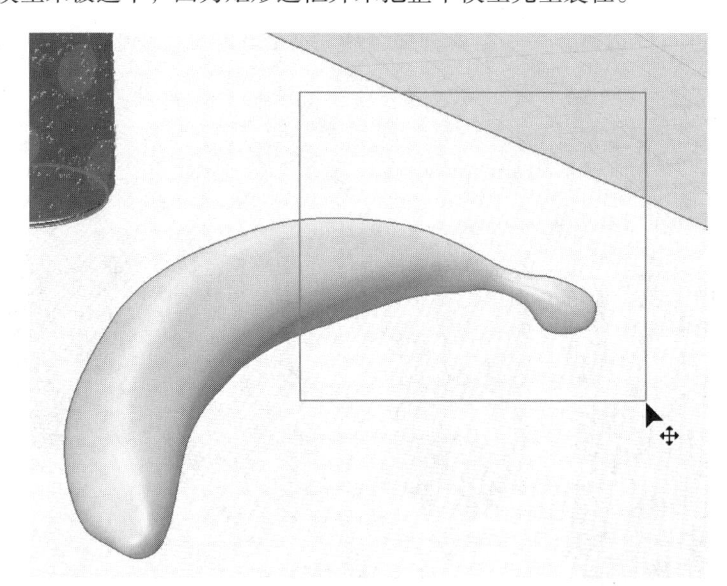

图8.7

> Dn **提示：** 在按下鼠标左键进行拖选时，按下 Option（macOS）或 Alt（Windows）键，可以暂时改变【部分选框选择】选项的状态。若当前【部分选框选择】选项处于打开状态，则按下 Option（macOS）或 Alt（Windows）键将使其变为关闭状态。

10. 拖选香蕉模型，使矩形选框完全裹住它。请注意，拖选时，必须把整个香蕉裹在矩形选框内，在操作过程中即使矩形选框意外碰到了附近的易拉罐，也不会将易拉罐一同选中。此时，香蕉模型被选中了，如图 8.8 所示。

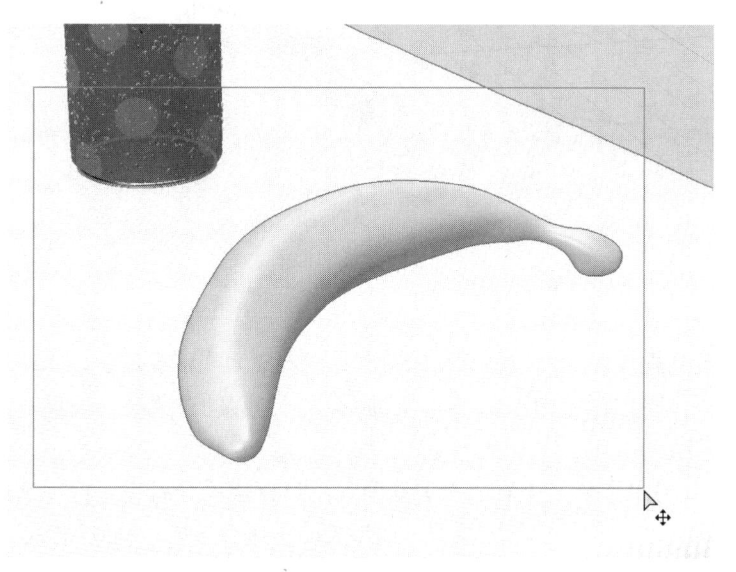

图8.8

选中香蕉模型后，观察移动控件上的箭头，会发现它们并未与场景中的 X 轴、Y 轴、Z 轴保持一致，如图 8.9 所示。这是因为在把香蕉模型加入到场景之中后，对它进行了旋转。

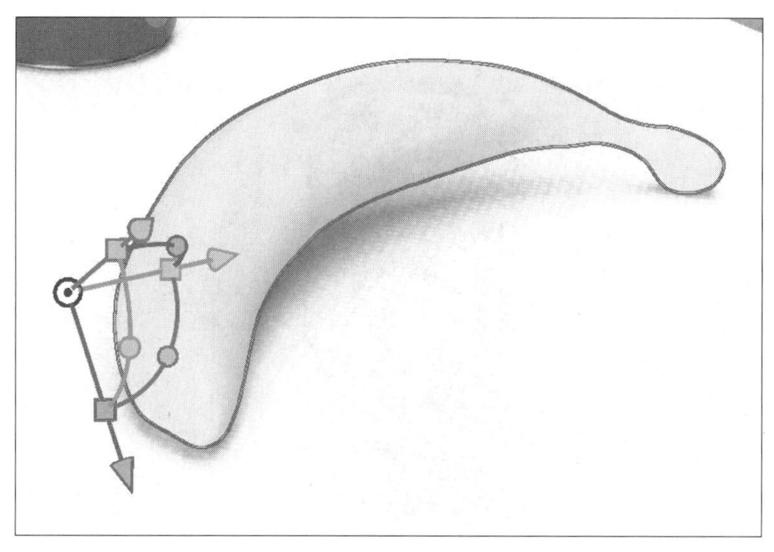

图8.9

11. 为了使香蕉沿着桌面移动，在菜单栏中依次选择【对象】>【与场景对齐】。此时，移动控件上的箭头就与场景中的 X、Y、Z 坐标轴保持一致了，如图 8.10 所示。

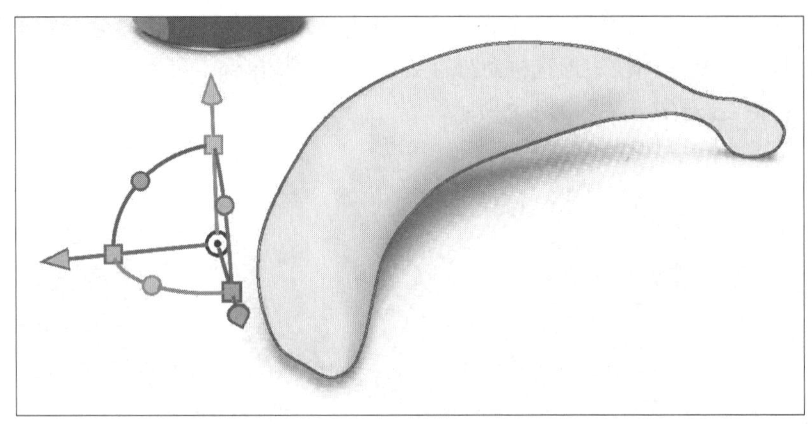

图8.10

12. 把鼠标移动到香蕉模型上，按下鼠标左键并沿着桌面拖移香蕉。

拖移对象操作可确保对象只沿着 X 轴、Z 轴移动，即移动对象时，确保对象不会向上或向下发生移动。

可以选择开启或关闭【部分选框选择】选项。不过，建议开启它，这样选择工具的行为就与 Illustrator 和 InDesign 中的选择工具更像了。如果关闭了这个选项，就应该关注它是怎么与【组选择】功能进行互动的。

13. 在【部分选框选择】选项处于关闭的状态下，拖选某个易拉罐的中间部位。释放鼠标后，易拉罐不会被选中，如图 8.11 所示。这在情理之中，因为【部分选框选择】选项处于关闭状态时，矩形选框必须裹住整个模型，才能将其选中。

图8.11

14. 拖选某个易拉罐的顶部，释放鼠标左键后，就会发现整个易拉罐被选中了，如图 8.12 所示。这是怎么回事？矩形选框只裹住了易拉罐的顶部，并未把整个易拉罐完全包裹住，怎么整个易拉罐被选中了呢？

图8.12

仔细观察【场景】面板，会发现每个易拉罐都是一个编组，由 Pull Ring、Liquid、Can 这 3 个模型组成，如图 8.13 所示。拖选时，当矩形选框经过易拉罐顶部时，Pull Ring 模型会被完全包裹在矩形选区中，即 Pull Ring 模型被选中。此时，又由于在选择工具选项中【组选择】选项处于开启状态，所以当 Pull Ring 模型被选中后，其所在的整个模型编组也会被选中。也就是说，当【组选择】选项处于开启状态时，选择编组中的任意一个模型都会使整个编组被选中。下一节将详细讲一讲【组选择】选项。

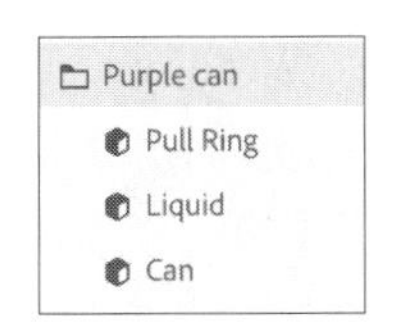

图8.13

8.1.3 选择编组中的某个模型

一般来说，若一个模型属于某个编组，则在画布中单击这个模型后，整个编组都会被选中。这是因为在默认设置下选择工具的【组选择】选项处于开启状态。若关闭【组选择】选项，会发生什么呢？我们一起看一下。

1. 在菜单栏中依次选择【相机】>【切换到主视图】。
2. 使用【选择工具】单击画布中的桌布。此时，观察【场景】面板，会发现整个 Table group 都被选中了。
3. 在菜单栏中依次选择【对象】>【锁定 / 解锁】，解锁 Table group。
4. 在菜单栏中依次选择【选择】>【取消全选】，取消选择模型编组。
5. 在【工具】面板中，使用鼠标右键单击【选择工具】，在工具选项面板中关闭【组选择】选项，如图 8.14 所示。

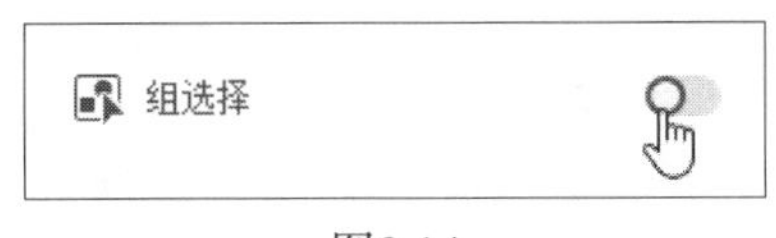

图8.14

6. 在工具选项面板之外单击，将其关闭。
7. 单击画布中的桌布。

此时，仅有 Tablecloth 模型被选中，这可以从【场景】面板中看到，如图 8.15 所示。

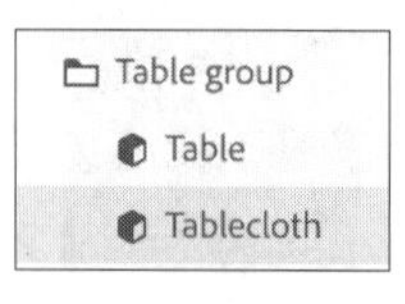

图8.15

8. 在菜单栏中依次选择【选择】>【取消全选】，取消选择模型。
9. 在【工具】面板中，使用鼠标右键单击【选择工具】，在工具选项面板中，开启【组选择】选项，如图 8.16 所示。

图8.16

10. 在工具选项面板之外单击，将其关闭。
11. 按下 Command（macOS）或 Ctrl（Windows）键，单击画布中的桌布。此时，选中的只有 Tablecloth 模型，而非 Table group 编组。也就是说，按下 Command（macOS）或 Ctrl（Windows）键就相当于暂时关闭了【组选择】选项。

Dn | **提示：** 选中某个编组中的一个模型后，按 Esc 键会把模型所在的编组选中。

Illustrator与InDesign用户如何设置【选择工具】选项

如果是Illustrator与InDesign的重度用户，建议在Dimension中对【选择工具】做如下设置，这样可以使其与Illustrator/InDesign中的选择工具的行为保持一致。

- **选择模式：新建选区**

按住Shift键，单击某个对象，将其添加到当前选区中。按住Option（macOS）或Alt（Windows）键，单击某个已选对象，将其从当前选区中移除。

- **部分选框选择：开启**

拖选时，按住 Option（macOS）或 Alt（Windows）键，把【部分选框选择】选项暂时关闭。

- **组选择：开启**

按住Command（macOS）或Ctrl（Windows）键，单击编组中的某个对象，只选中单击的对象，而不会选中整个编组。

8.2 对齐模型

在许多情况下，我们想精确对齐模型，或者使模型之间的间隔保持一致。为此，Dimension 提供了非常有用的对齐控件。

1. 使用任意一种选择方法把 4 个易拉罐同时选中，比如：按住 Shift 键单击画布中的模型或者在【场景】面板中单击选择 4 个模型；使用框选工具拖选 4 个模型。
2. 单击【相机书签】图标（），选择“Four cans”书签，把 4 个易拉罐在视图中最大化。
3. 在【操作】面板中，单击【对齐与分布】图标（）。此时，在 4 个易拉罐周围出现【对齐与分布】控件，如图 8.17 所示。

图8.17

Dn 提示：与【对齐与分布】对应的键盘快捷键是 A。

4. 把鼠标移动到中间的洋红色泪滴图标上，在易拉罐附近出现一个蓝色平面。单击泪滴图标时，所选易拉罐会对齐到这个平面。
5. 单击中间的洋红色泪滴图标，把所有易拉罐的中心对齐到蓝色平面上，如图 8.18 所示。

图8.18

6. 单击蓝色条，以最左侧与最右侧的易拉罐为基准，使 4 个易拉罐之间的间隔保持一致，如图 8.19 所示。

图8.19

7. 双击蓝色条，把 4 个易拉罐之间的间隔变为 0，即让它们紧靠在一起，如图 8.20 所示。

图8.20

8. 根据需要，向左或向右拖动任意一个蓝色泪滴手柄，调整 4 个易拉罐之间的间隔，如图 8.21 所示。

图8.21

8.3 使用【魔棒工具】选择模型表面

【选择工具】用来选择模型和模型组，【魔棒工具】用来选择模型的个别面，其功能类似于 Adobe Photoshop 中的【魔棒工具】。

1. 在菜单栏中依次选择【相机】>【切换到主视图】，这样能看见整个桌子。
2. 在【场景】面板中，单击 Table group 左侧合起的文件夹图标（ ），展开编组。
3. 把鼠标移动到 Tablecloth 模型之上，单击眼睛图标（ ），将其隐藏起来。
4. 双击【魔棒工具】，在控制选项面板中，把【选区大小】更改为【极小】。
5. 在控制选项面板之外单击，将其关闭。
6. 在桌子腿上，找一个最靠近相机的地方单击。

此时，只有单击的部分才被选中，被选中的区域出现淡蓝色的填充，如图 8.22 所示。单击的地方不同，选中的区域也不同。【魔棒工具】根据边缘线和相似色来区分模型表面不同的部分。我们想把整条桌腿都选上，但当前【魔棒工具】还做不到这一点。

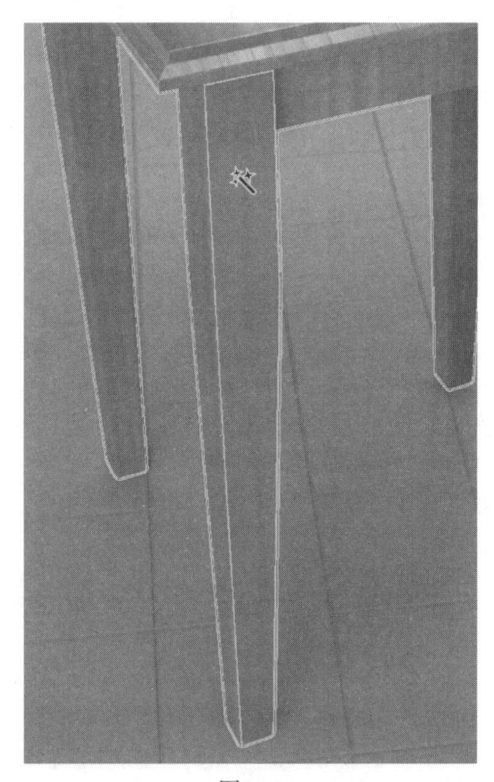

图8.22

7. 在【工具】面板中，使用鼠标右键单击【魔棒工具】。
8. 在控制选项面板中，向右拖动【选区大小】滑块，将其修改为【大】，如图 8.23 所示。

图8.23

9. 在控制选项面板之外单击，将其关闭。

10. 再次单击桌子腿，此时整条桌子腿都被选中了，如图 8.24 所示。

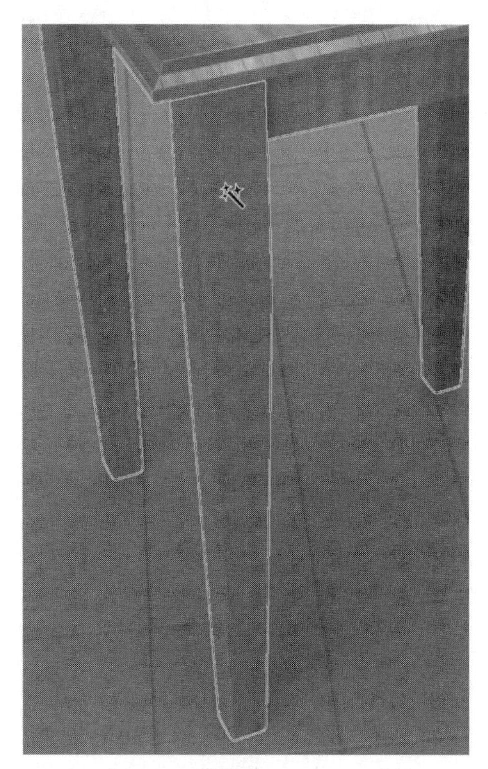

图8.24

调整【选区大小】时，要根据模型特性和要选的内容进行确定。不过，建议先把【选区大小】设置为【极小】，再使用下面介绍的方法增加选区大小。

11. 在【工具】面板中，使用鼠标右键单击【魔棒工具】。

12. 在控制选项面板中，向左拖动【选区大小】滑块，将其修改为【极小】，如图 8.25 所示。

图8.25

13. 在控制选项面板之外单击，将其关闭。

14. 使用【魔棒工具】单击桌子上顶面。由于【选区大小】设置为【极小】，所以只有桌子的顶面被选中了，桌子的边缘面并未被选中。

15. 按住 Shift 键，单击任意一个边缘面，可将其添加到现有选区之中。若还需要把桌子的其他部分添加到选区之中，只需要按住 Shift 键单击它们即可。若需要减选某些区域，请按住 Option（macOS）或 Alt（Windows）键，然后单击要减选的区域，即可将其从现有选区中移除。

除了使用 Shift 键或 Option/Alt 键进行加减选之外，还可以在【魔棒工具】的控制选项面板中把【选区模式】设置为【添加到选区】或【从选区中减去】，再使用【魔棒工具】单击做加选或减选。在这两种加选或减选方法中，使用 Shift 键（加选）或 Option/Alt 键（减选）效率会更高。

8.3.1 更改表面材质

当前桌面处于选中状态，下面修改桌面材质。

1. 在【内容】面板中，在【初始资源】的【Substance 材质】中选择【瓦伦西亚大理石】，把桌面材质从木材改为大理石。

2. 选择【环绕工具】(键盘快捷键：1)。

3. 向右上方拖动，旋转相机视图，使桌子左侧显露得更多一点，如图 8.26 所示。

图8.26

4. 桌面下裙板处的垂直木纹看上去有些不自然。下面我们一起解决这个问题。使用【魔棒工具】单击桌面左侧下方的木质裙板，如图 8.27 所示。

图8.27

5. 按住 Shift 键，单击第二个裙板，如图 8.28 所示。

图8.28

6. 在菜单栏中依次选择【编辑】>【剪切】，把所选裙板从桌子模型上剪切或删除。但是，它们并不会消失不见，因为只选了裙板的正面。这正是我们想要的效果。如果真的想完全删除裙板，则需要放大并重新设置相机，以便使用【魔棒工具】选择裙板的所有面。
7. 在菜单栏中依次选择【编辑】>【粘贴】，把裙板原位粘贴回去，看上去好像什么都没动过一样。但是在【场景】面板中，可以在面板底部看到一个名为“Side Table”的新模型（见图 8.29），这个模型就是通过上面的【剪切】与【粘贴】命令得到的。

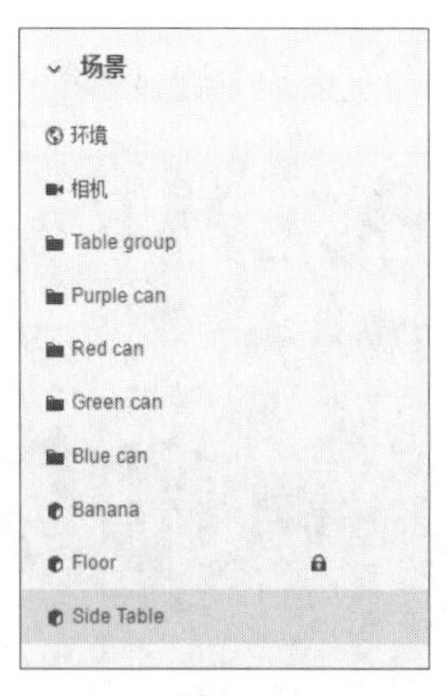

图8.29

8. 在【场景】面板中，双击 Side Table 模型，输入“Skirt Pieces”，按 Return 或 Enter 键，使名称修改生效。
9. 在【场景】面板中，把Skirt Pieces模型向上拖到Table group上，将其添加到Table group中，如图 8.30 所示。

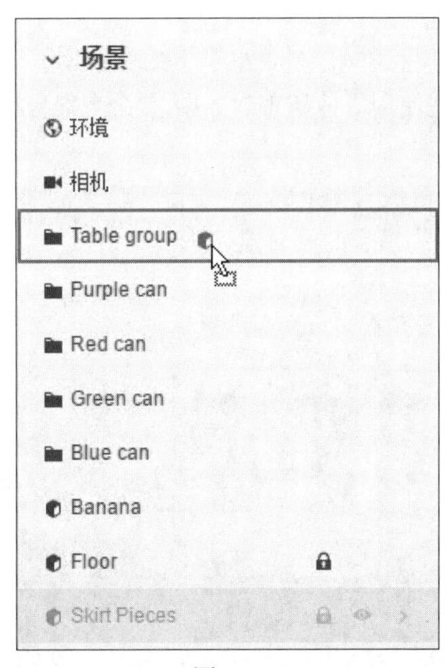

图8.30

10. 上面一系列操作都是为了把裙板的材质与桌子其他部分的材质分开，以便可以单独处理。若 Table group 左侧的文件夹图标（ ）处于折起状态，则单击它，将其展开。
11. 把鼠标放到 Skirt Pieces 模型上，单击最右侧的箭头图标（ ），显示模型材质。
12. 在【属性】面板的【位移】下，把旋转角度设置为 −90° ，按 Enter 或 Return 键，使修改生效，如图 8.31 所示。

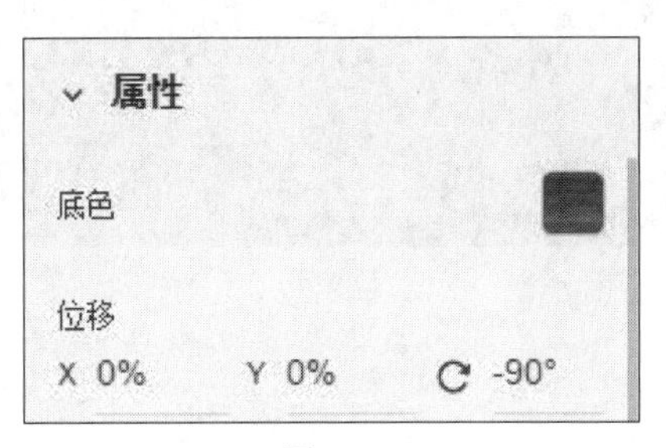

图8.31

现在，裙板的木纹方向变成横向。

13. 在【属性】面板的【重复】下，把 X 与 Y 值设置为 2.2，增强纹理的真实性。按 Enter 或 Return 键，使修改生效，结果如图 8.32 所示。

或许大家会问：在为裙板更换材质时，为什么要先使用【剪切】和【粘贴】命令将其变成独立的对象，而在为桌面更换材质时却不需要这样做呢？事实上，任何时候都可以向模型上选中的面应用新材质（比如向桌面应用大理石材质），同时又不影响模型的其他面。当然，也可以先使用【剪切】【粘贴】命令把桌面分离出来，然后再应用材质，这么做只是为了日后方便使用模型，并不是必须要这么做。

选中裙板后，当尝试旋转其材质时，整张桌子上的樱桃木材质也会随之一起旋转。如果只想更改模型某部分的材质，必须先使用【剪切】/【粘贴】命令把目标部分从模型上分离出来，使其成为独立的对象。

在 Dimension 中，把模型分解成若干个部分、删除不需要的部分、重排各个部分是一些非常重要的操作，这些操作可以大大提高模型的灵活性。

图8.32

8.4 复习题

1. 除了使用【选择工具】控制选项面板中的【添加到选区】与【从选区中减去】之外，还有什么方法可用来同时选择画布中的多个模型?
2. 拖选模型时，若只想选择那些被矩形选框完全包裹住的模型，是应该把【部分选框选择】选项打开还是关闭?
3. 在【组选择】选项处于开启的状态下，如果只想选择单个模型（非整个编组），则在单击编组中的单个模型时，应该同时按下什么键?
4. 当选择工具控件（显示在画布中的模型上）上的 X 轴、Y 轴、Z 轴与整个场景的 X 轴、Y 轴、Z 轴不一致时，模型变换就有困难，此时应该怎么办?
5. 如何把模型的一部分从模型上分离出来，使其成为独立的对象（子模型）?

8.5 答案

1. 按住 Shift 键单击某个模型（不在现有选区之中），可将其添加到现有选区中；按住 Shift 键单击现有选区中的某个模型，可将其从现有选区中移除。
2. 在选择工具的选项面板中，关闭【部分选框选择】选项后，进行拖选时，只有那些完全被矩形选框包裹住的模型才会被选中。
3. 按住 Command（macOS）或 Ctrl（Windows）键，单击编组中的某个模型时，只有被单击的模型会被选中，整个编组不会被选中。
4. 在菜单栏中依次选择【对象】>【与场景对齐】菜单，将使选择工具控件（显示在画布中的模型上）上的 X 轴、Y 轴、Z 轴与整个场景的 X 轴、Y 轴、Z 轴保持一致。
5. 使用【魔棒工具】选择模型的某一部分，然后在菜单栏中依次选择【编辑】>【剪切】与【编辑】>【粘贴】，即可将其从模型上分离出来。

第9课　应用图形到模型

课程概述

本课中，我们将学习如何把图形应用到模型上，涉及如下内容：

- 哪些图形可以应用到模型上；
- 图形与材质有什么不同；
- 把图形应用到模型后，如何编辑它；
- 如何向模型应用多个图形；
- 如何把图形应用到模型指定的区域。

学完本课大约需要 45 分钟。开始学习之前，请先在数艺设社区将本书的课程资源下载到本地硬盘中，并进行解压。

Dimension 提供了把图形应用到模型上的功能。借助这个功能，可以轻松灵活地把各种标签、插画应用到指定的模型上。

9.1 新建项目并导入模型

在包装设计中，一个必不可少的步骤是模拟产品包装，并把设计的作品放到包装上，以检验设计作品是否合乎要求。在 Dimension 中，可以轻松地导入图形，并将其应用到模型上。在包装设计流程中，Dimension 是一个非常有用的工具。本课中，我们将学习如何使用 Dimension 把背景图形与标签添加到一个香水瓶上。

1. 在 Adobe Dimension 中，在菜单栏中依次选择【文件】>【使用设置新建】，打开【新建文档】对话框。在这个对话框中，可以指定画布大小等属性。
2. 在【画布大小】下，把【宽】设置为 3000 像素，【高】设置为 2000 像素。增加像素尺寸会使标签看上去更好。
3. 取消勾选【设置为默认值】，单击【创建】，如图 9.1 所示。

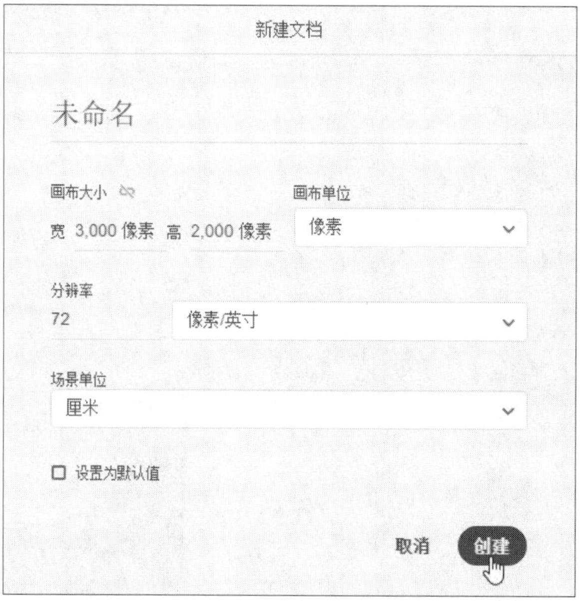

图9.1

4. 单击【工具】面板顶部的【添加和导入内容】图标（⊕）。
5. 选择【Adobe Stock】。
6. 选择【浏览所有 Adobe Stock 3D】

此时，默认浏览器启动，并进入 Adobe Stock 网站。

7. 在 Adobe Stock 页面的搜索框中，输入“208142389”，按 Enter 或 Return 键，如图 9.2 所示。

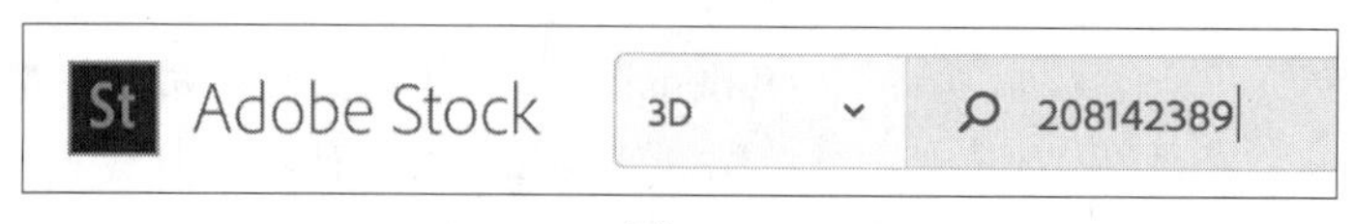

图9.2

这是一个香水瓶模型的 ID，本课会用到这个模型，这个模型是免费的，需要把它下载下来。

8. 单击【License For Free】按钮，把模型下载到本地电脑中。
9. 在 Dimension 中，在菜单栏中依次选择【文件】>【导入】>【3D 模型】。
10. 进入存储目录下，打开名为 AdobeStock_208142389 的文件夹，选择 portable_perfume_spray_1460.obj 文件，单击【打开】按钮。此时，Dimension 会把模型置于场景中央，并使其位于地面上。
11. 在菜单栏中依次选择【相机】>【全部构建】，使相机对准模型，如图 9.3 所示。

图9.3

9.2 组织模型

在把一个模型置于场景之中后，首先要做的是在【场景】面板中检查模型，了解一下它是如何组成的。比如，它是单个模型，还是一组模型？各个模型的命名方式是否符合我们的需要？花几分钟熟悉一下模型，然后根据自身需要组织模型，再在场景中使用。

1. 在【场景】面板中，会看到一个名为 portable_perfume_spray_1460 的模型组。双击模型组名称，将其修改为 Bottle，如图 9.4 所示。

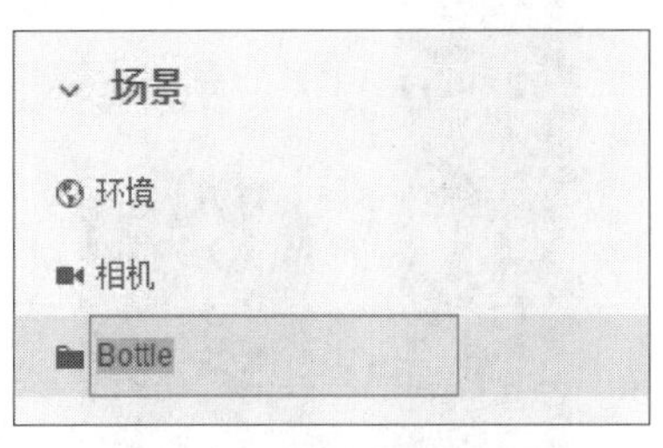

图9.4

> **提示：** 选择一个模型，然后按 Command+;（macOS）或 Ctrl+;（Windows）组合键可以快速隐藏或显示模型。

2. 单击处于折叠状态的模型组图标（▬），将其展开。
3. 把鼠标移动到模型组中的某个模型上，反复单击眼睛图标（◉），可隐藏或显示模型，帮我们分辨具体的模型。
4. 把模型组中间那个模型的名称修改为 Nuzzle，把最后一个模型的名称更改为“Spray top”，如图 9.5 所示。

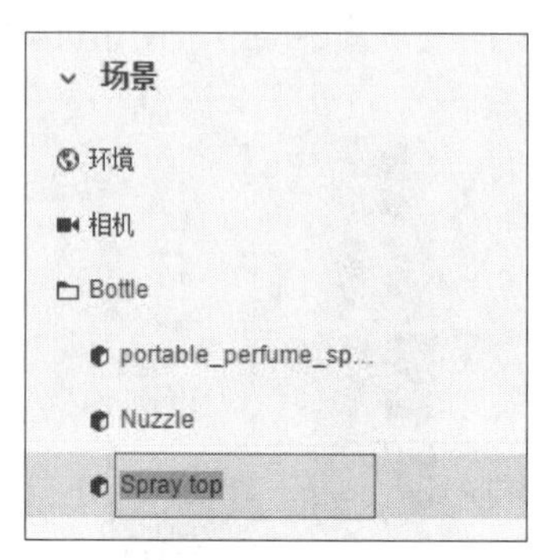

图9.5

在【场景】面板中，编组中的第一个模型包含瓶体与瓶盖两个对象。为了便于使用，最好把它们分离成独立的对象。接下来把它们分离开。

5. 在【工具】面板中，使用鼠标右键单击或者左键双击【魔棒工具】。
6. 把【选区大小】设置为【大】。
7. 在工具选项面板之外单击，关闭面板。
8. 在画布中单击瓶盖，将其选中，如图 9.6 所示。

图9.6

9. 在菜单栏中依次选择【编辑】>【剪切】，此时瓶盖从画布中消失不见。

10. 在菜单栏中依次选择【编辑】>【粘贴】，把瓶盖原位粘贴到画布中。此时，瓶盖变成一个独立的模型，这可以在【场景】面板中看到，如图 9.7 所示。

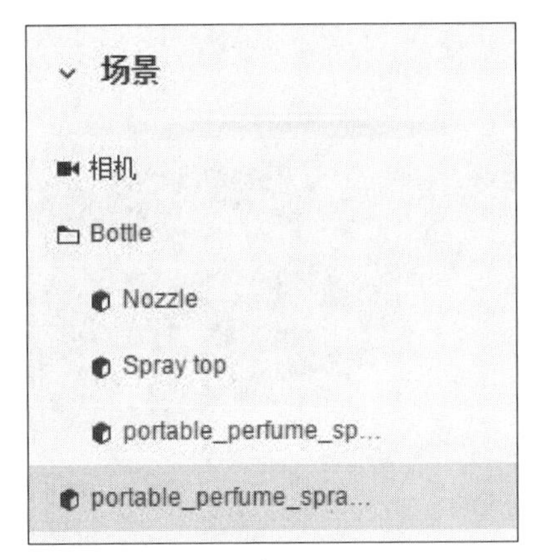

图9.7

11. 在【场景】面板中双击新模型，输入“Bottle cap”，修改模型名称。

12. 双击名为 portable_perfume_spray_1460_metal_black 的模型，将其名称修改为“Body”，如图 9.8 所示。

图9.8

13. 选择【选择工具】(键盘快捷键：V)。

14. 选择 Bottle cap 模型。

15. 按住 Shift 键，沿顺时针方向拖动选择工具控件上的蓝色圆圈，旋转瓶盖模型，将其放倒。按住 Shift 键旋转时，每次拖动旋转 15°，这样可以很轻松地把模型准确地旋转为 −90°。

16. 沿逆时针方向拖动选择工具控件上的绿色圆圈，把瓶盖旋转为 30° 左右，如图 9.9 所示。

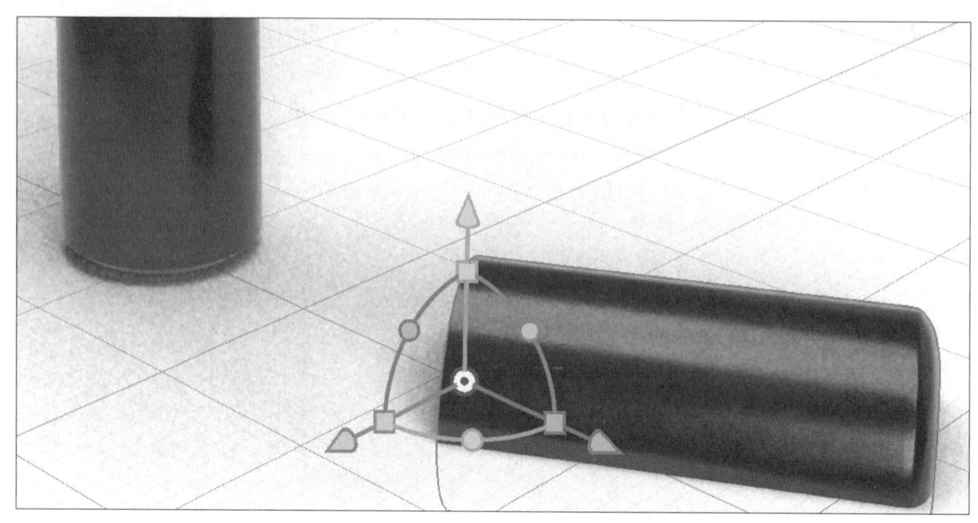

图9.9

17. 在菜单栏中依次选择【对象】>【移动到地面】，把瓶盖放到地面上。

18. 选择 Bottle 编组，在菜单栏中依次选择【对象】>【移动到地面】，把瓶子放到地面上。

19. 选择【环绕工具】（键盘快捷键：1）。

20. 向右拖动，旋转视图，使香水瓶的喷嘴朝前，如图 9.10 所示。

图9.10

21. 单击屏幕右上角的【相机书签】图标（）。

22. 单击加号图标（），新建一个书签。

23. 输入“Front view”，按 Return 或 Enter 键，使名称修改生效。有了这个书签，可以随时返回到当前视图下。

24. 在菜单栏中依次选择【文件】>【存储】。

9.3 应用背景图形

上一课学习了如何向模型应用材质来改变模型的外观。材质有多种属性，比如发光、粗糙度、金属光泽、半透明度、颜色、图案等。除了材质之外，还可以通过图形把颜色与图案应用到一个模型上，而且所应用的颜色、图案与模型表面材质相呼应。

在 Dimension 中，可以把 AI（Adobe Illustrator）、PSD（Adobe Photoshop）、JPEG、PNG、SVG、TIFF 等格式的图形文件添加至模型表面。

1. 在【场景】面板中，选择 Body 模型。

2. 在【操作】面板中，单击【将图形放置在模型上】图标（![]），如图 9.11 所示。

图9.11

3. 转到 Lessons > Lesson09 文件夹下，选择 Background_label.psd 文件，单击【打开】按钮。

此时，Dimension 会把标签放到瓶体上，我们可以在当前视图中看到它。标签上出现一个圆形选择控件，通过这个控件，可以调整标签的尺寸、旋转标签以及移动标签，如图 9.12 所示。如果大家没有看到圆形选择控件，请单击【工具】面板中的【选择工具】（键盘快捷键：V）。

> Dn **提示：**向模型放置图形之前，一定要先调整相机位置，使相机正对着要放置图形的曲面。在将图形放到模型上时，相机视图会对图形在模型上的附着位置产生影响。

图9.12

4. 默认情况下，Dimension 会把图形以【贴纸】的形式添加到模型上。但是，可以选用【填充】方式把图形填充到模型表面。在【属性】面板中，从【布局】下选择【填充】，如图 9.13 所示。

图9.13

此时，Dimension 会按比例缩放图形，使其填充满整个模型表面，如图 9.14 所示。

图9.14

5. 此外，还可以选择让图形以拼贴方式填满整个模型表面。在【属性】面板中，向【重复】下的 X 与 Y 中输入 10，如图 9.15 所示。

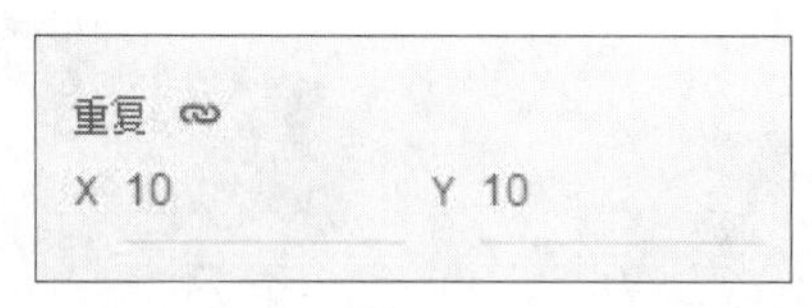

图9.15

此时，可以看到图形以拼贴的形式重复出现在模型表面上。

6. 在【属性】面板的【布局】下，把【重复】更改为【镜像】，如图 9.16 所示。

图9.16

此时，模型表面上的图形拼贴会沿水平和垂直方向进行翻转，如图 9.17 所示。

重复　　镜像

图9.17

7. 在【重复】下，把 X 值与 Y 值修改为 1，仅使用一张大图填充模型表面。
8. 观察【场景】面板，可以看到 Body 模型此时包含了一种材质（portable_perfume_spray_1460_metal_black_MatSG_Mat）和一个图形，如图 9.18 所示。

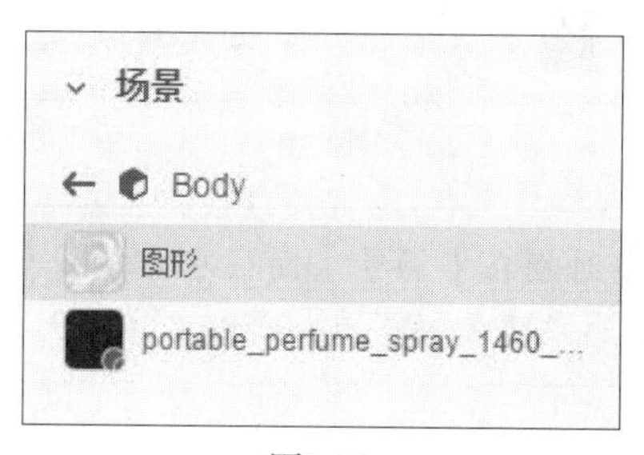

图9.18

9.4 应用多个图形

在 Dimension 中，同一个模型可以应用多个图形。接下来，再向香水瓶的瓶体上应用两个标签。

1. 在【操作】面板中，单击【将图形放置在模型上】图标（![icon]）。
2. 选择 Lessence_du_jour_label.ai，单击【打开】按钮。
3. 按住 Shift 键，向内拖动圆形上的任意一个手柄，把标签缩小一些。按住 Shift 键可确保缩放按比例进行。
4. 把鼠标移动到圆形之内，按住鼠标左键拖动，在模型表面上移动标签，使其位于合适的位置上，如图 9.19 所示。

图9.19

此时，在【场景】面板中的 Body 模型下出现了两个图形，还有一个之前就已经应用好的材质，如图 9.20 所示。

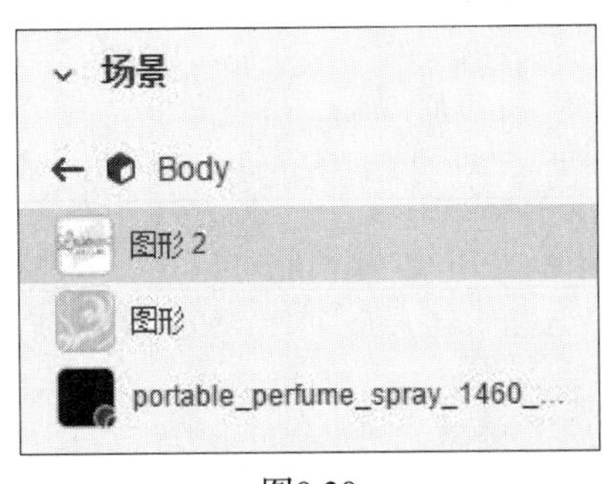

图9.20

> Dn **提示：**一定要先花一些时间在【场景】面板中为模型、编组、材质、图形起一个好名字。当需要进一步编辑这些资源时，有一个好名字会大大提高工作效率。

5. 双击“图形 2”，把名称更改为“Lessence label graphic”。

6. 双击“图形”，把名称更改为“Background graphic”，如图 9.21 所示。

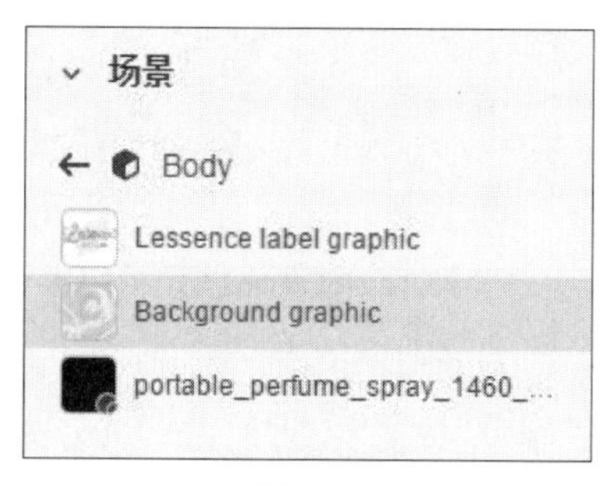

图9.21

7. 在【工具】面板中，选择【环绕工具】(键盘快捷键：1)。

8. 沿着屏幕从左到右拖动，直到看见香水瓶的背面，如图 9.22 所示。

图9.22

9. 在【操作】面板中，单击【将图形放置在模型上】图标（）。

10. 选择 Lessence_du_jour_label.ai，单击【打开】按钮。

这个文件与放在瓶体正面的文件是同一个，也就是说，放在瓶体背面的是 L’essence DU JOUR 标签的另一个副本。该 AI 文件中包含多个画稿，在把图形放置到模型上后，可以选择不同的画稿。

11. 在【属性】面板中，单击【图像】右侧的方框，如图 9.23 所示。

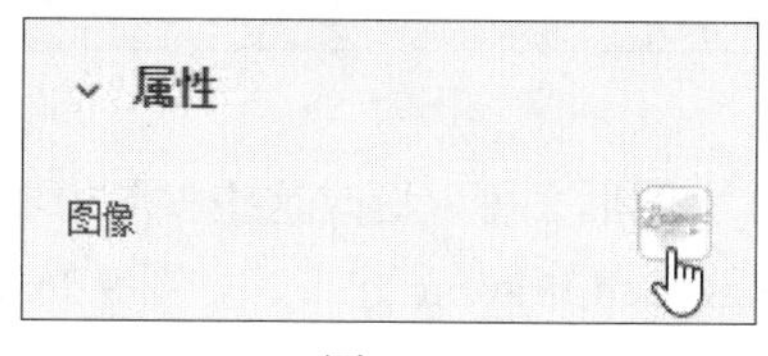

图9.23

12. 从画稿列表中选择【画稿 2】，如图 9.24 所示。

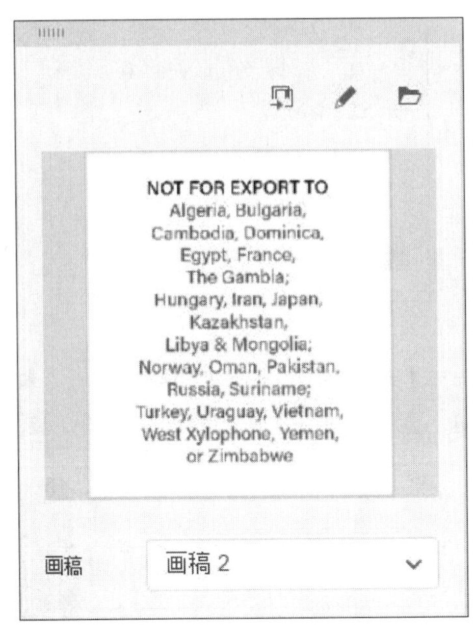

图9.24

13. 根据需要，使用【选择工具】缩放标签，并调整标签位置，如图 9.25 所示。

图9.25

此时，在【场景】面板中有 3 个图形，可以更改这些图形的堆叠顺序。

14. 把“图形 3”拖动到 Background graphic 之下，如图 9.26 所示。此时，会看到 Background graphic 把“图形 3”盖住了。

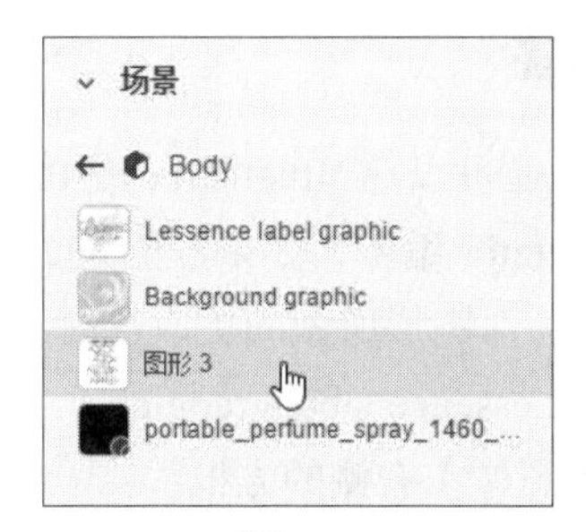

图9.26

> **提示：**在向模型添加图形时，除了使用【将图形放置在模型上】之外，还可以使用拖放的方式，把图形文件直接从“访达”(macOS)或文件浏览器(Windows)拖到模型上，将其放置到模型表面。或者使用复制粘贴命令，把图形从 Photoshop、Illustrator 复制粘贴到 Dimension 中选择的模型上。

15. 把“图形 3”拖动到列表的最顶层，使其重新显示出来。

9.5 修改图形属性

每个图形都有不透明度、粗糙度、金属光泽等属性。在把图形放置到模型上之后，可以继续修改图形的这些属性。

1. 单击屏幕右上角的【相机书签】图标( )。
2. 选择“Front view”，返回到前视图下。
3. 在【场景】面板中，选择“Background graphic”。
4. 在【属性】面板中，把【粗糙度】设置为 10%，【金属光泽】为 10%，如图 9.27 所示。这些更改只影响背景图形。

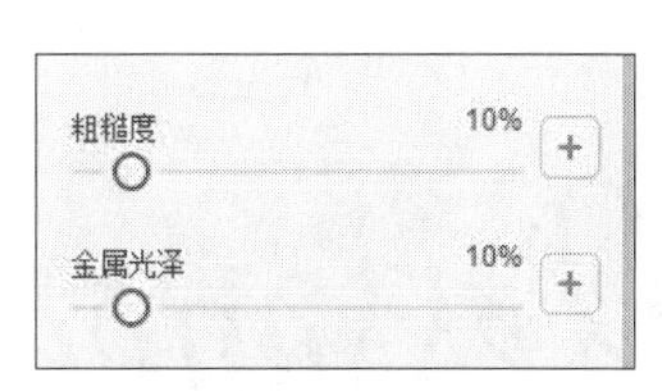

图9.27

5. 在【场景】面板中，选择 Lessence label graphic。
6. 在【属性】面板中，把【粗糙度】设置为 90%，使标签变粗糙一些，如图 9.28 所示。

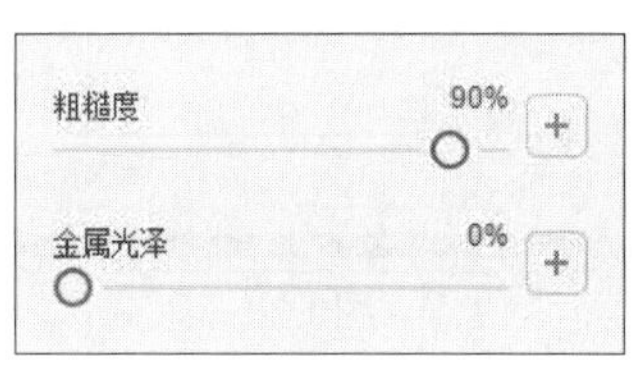

图9.28

9.6 在 Illustrator 中编辑标签

在把一个图形放在模型上之后，还可以在 Illustrator 或 Photoshop 中继续编辑它。如果模型上放的是 AI、SVG 图形，则打开 Illustrator 编辑；如果放的是 JPEG、PNG、PSD、TIFF 图像，则在 Photoshop 中编辑。图形编辑完成后，对图形所做的更改会自动更新到模型上。

1. 在【场景】面板中，选择“Lessence label graphic”。
2. 在【属性】面板中，单击【图像】右侧的方框。
3. 在弹出的面板中，双击图像，或者单击铅笔图标（ ），打开 Illustrator 编辑图形，如图 9.29 所示。

图9.29

4. 在 Illustrator 中，删除图像背后的白框，或者对图像做其他编辑，如图 9.30 所示。

图9.30

5. 在 Illustrator 中依次选择【文件】>【关闭】，在询问是否保存更改的对话框中，选择【是】。

在 Dimension 中，应该能够看到标签发生了更新，我们在 Illustrator 中所做的更改都体现了出来，如图 9.31 所示。

图9.31

> **注意**：把一个图形放到模型上后，Dimension 会从原始图形文件制作一个副本，并保存到 DN 文件内部。当在 Illustrator 或 Photoshop 中编辑图形文件时，编辑的实际是存储在 DN 文件中的副本。也就是说，编辑并不会改变原始图形文件。

9.7 添加颜色与灯光

下面再对场景做一些调整，比如添加颜色与灯光。

1. 在【工具】面板中，选择【选择工具】(键盘快捷键：V)。

2. 单击模型周围的背景区域，选择【环境】。

3. 在【属性】面板中，单击【背景】右侧的颜色框，如图 9.32 所示。

图9.32

4. 在拾色器的右下角，单击【取样颜色】(颜色吸管) 图标 ( )，如图 9.33 所示。

图9.33

5. 在 L’essence DU JOUR 标签上找到一个粉色区域，使用颜色吸管吸取颜色，将其应用到场景背景上，如图 9.34 所示。

图9.34

6. 在画布中双击 Bottle cap 模型，显示其材质。
7. 在【属性】面板中，单击【底色】右侧的颜色框。
8. 单击【颜色】选项卡，如图 9.35 所示。

图9.35

9. 在拾色器的右下角，单击【取样颜色】(颜色吸管）图标（）。
10. 在 Body 模型上找一个蓝色区域，使用颜色吸管单击吸取颜色，将其应用到瓶盖上，如图 9.36 所示。

图9.36

11. 在【初始资源】面板中，单击【光照】图标（☀），仅在面板中显示灯光。
12. 选择【三点光】，将其应用到场景，如图 9.37 所示。

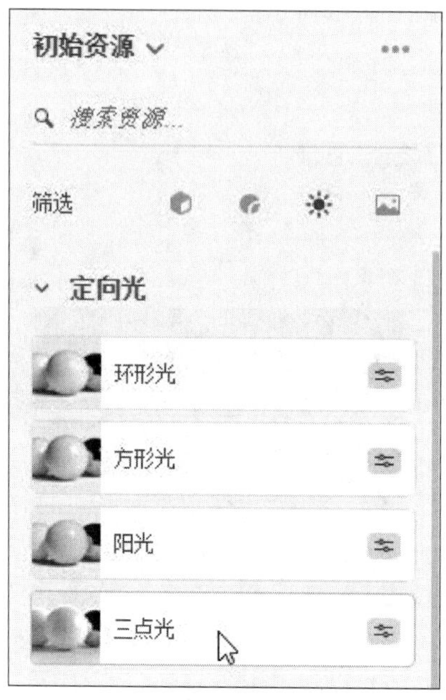

图9.37

13. 在【场景】面板中，选择【环境光照】。
14. 在【操作】面板中，单击【删除】图标（🗑）。
15. 在【场景】面板中，选择【环境】。
16. 在【属性】面板中，把【地面】下的【反射不透明度】设置为 10%，如图 9.38 所示。

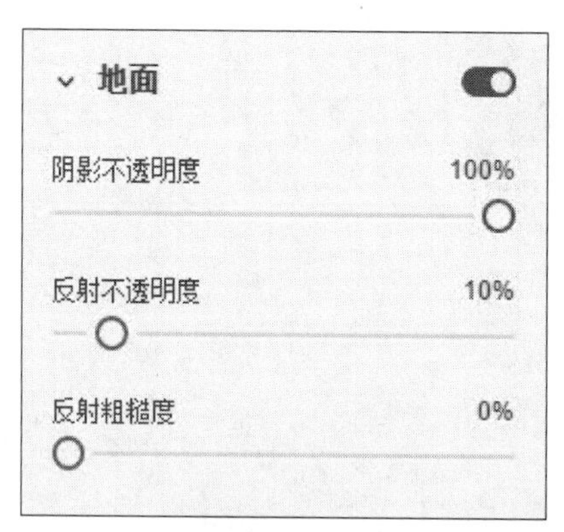

图9.38

17. 使用【选择工具】把瓶盖移动到离香水瓶近一点的地方，如图 9.39 所示。
18. 根据需要，使用相机工具调整相机角度。

图9.39

9.8 使用高级技术

下面介绍一些处理置入图形的高级技术，包括如何堆叠半透明度图形，如何控制图形在模型上的应用位置，以及如何把图形应用到模型的特定表面上。

9.8.1 新建项目并导入模型

新建一个项目，把一个免费的 Adobe Stock 模型（盘子）置入到场景中。

1. 在 Adobe Dimension 中依次选择【文件】>【使用设置新建】。
2. 在【新建文档】对话框中，在【画布大小】下，把【宽】设置为 3000 像素，【高】设置为 2000 像素。
3. 取消勾选【设置为默认值】，单击【创建】按钮。
4. 在【工具】面板顶部，单击【添加和导入内容】图标（⊕）。
5. 选择 Adobe Stock。
6. 选择【浏览所有 Adobe Stock 3D】
7. 在默认浏览器中打开 Adobe Stock 页面，在搜索框中输入“178262437”，按 Enter 或 Return 键。

这是一个盘子模型的 ID，这里会用到这个免费模型，我们先要把它下载下来。

8. 单击【License For Free】按钮，把模型下载到本地电脑中。
9. 在 Dimension 的菜单栏中依次选择【文件】>【导入】>【3D 模型】。
10. 进入存储文件夹下，打开名为 AdobeStock_178262437 的文件夹，选择 e_serving_plate_075.

obj 文件，单击【打开】按钮。此时，Dimension 会把模型置于场景中央，并使其位于地面上。

11. 在菜单栏中依次选择【相机】>【构建选区】，把盘子模型放大到屏幕大小，如图 9.40 所示。

图9.40

9.8.2　向模型重叠放置多个图形

在 Dimension 中，可以向一个模型放置多个图形，并且支持透明图形。向模型放置一个半透明图形后，其下的所有图形和材质会透显出来。

1. 选择【环绕工具】(键盘快捷键：1)，调整场景视图，使其变为顶视图。调整视图后，再次选择【相机】>【构建选区】，在画布上显示出整只盘子，如图 9.41 所示。

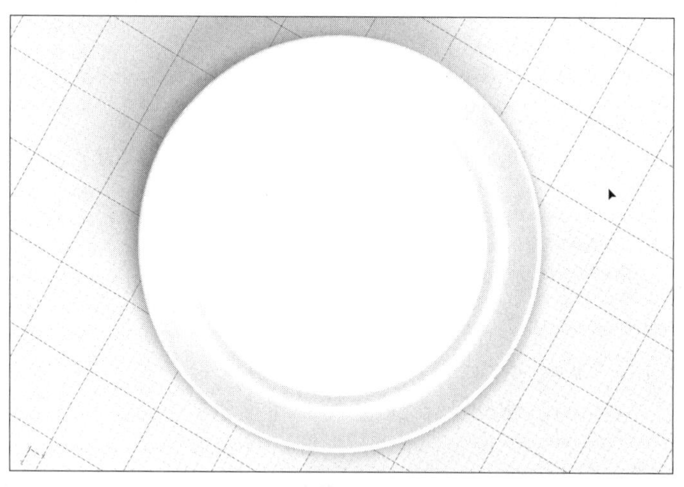

图9.41

把一个图形放置到模型上时，Dimension 会把图形居中放置到正对着相机的模型表面上。因此，在放置图形之前，建议先把相机对准模型上要放置图形的表面。这样，在放好图形之后，就不需要再对图形做大幅调整了。

2. 选择【选择工具】(键盘快捷键: V)，双击画布中的盘子模型，在【场景】面板中显示出应用到盘子模型上的材质。

3. 在【操作】面板中，单击【将图形放置在模型上】图标( )。

4. 选择 Blue_watercolors.png 文件，单击【打开】按钮。

这个 PNG 文件由 Photoshop 制作，包含一个透明背景，以及若干半透明笔触(用水彩笔创建)，如图 9.42 所示。

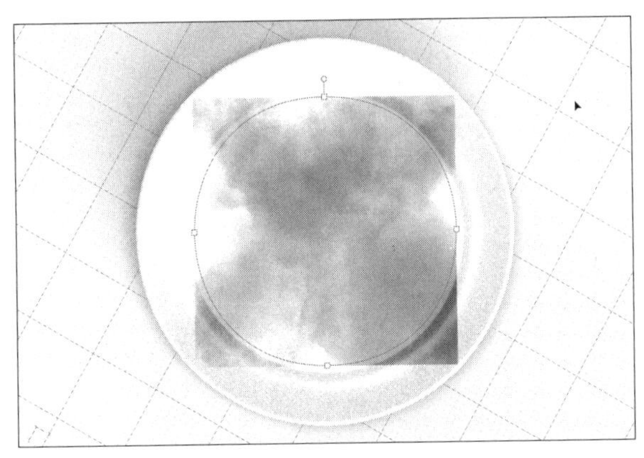

图9.42

5. 在画布中，按住 Shift 键向外拖动任意一个控制点，放大图形，使其盖住整只盘子，如图 9.43 所示。

按住 Shift 键可确保图形在缩放时按比例进行。

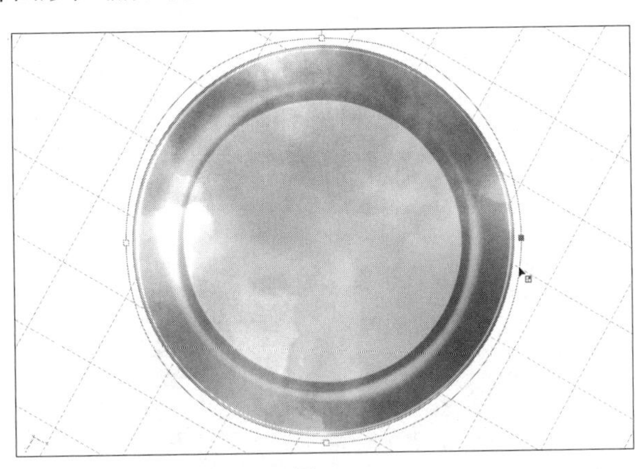

图9.43

6. 在【操作】面板中，单击【将图形放置在模型上】图标( )。

7. 再次选择 Blue_watercolors.png，单击【打开】按钮。

8. 在画布中，按住 Shift 键向外拖动任意一个控制点，放大图形，使其盖住整只盘子。

此时，盘子模型上叠放着两个水彩图形的副本。图形是半透明的，把两个图形叠放在一起后，会呈现出丰富的层次感。在【场景】面板中，可以看到水彩图形的两个副本，如图 9.44 所示。

图9.44

接下来，旋转其中一个副本，使叠在一起的半透明笔触形成更有趣的纹理效果。

9. 拖动圆形旋转控制点，把一个图形副本旋转一下，使两个图形彼此错开一些，如图 9.45 所示。

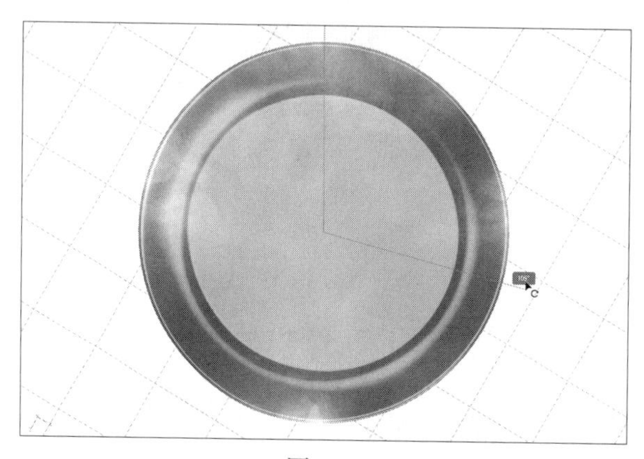

图9.45

10. 在【操作】面板中，单击【将图形放置在模型上】图标（）。

11. 再次选择 Floral_border.ai，单击【打开】按钮。

12. 根据需要，调整饰花的尺寸与位置，如图 9.46 所示。

图9.46

13. 在【属性】面板中，把【不透明度】设置为 40%，使饰花变得半透明，如图 9.47 所示。

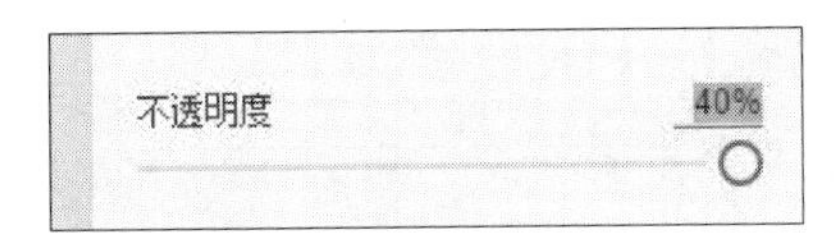

图9.47

14. 在【场景】面板中，可以看到 e_serving_plate_075_Mat 材质之上堆叠着 3 个图形。选择 e_serving_plate_075_Mat 材质，如图 9.48 所示。

图9.48

15. 在【属性】面板中，单击【底色】右侧的颜色框，更改颜色为 230（R）、255（G）、230（B），如图 9.49 所示。

图9.49

9.8.3 修正图形重叠问题

向模型应用多个图形时，这些图形会在模型的某个区域或表面上产生重叠或缠绕，有时我们并不希望这样。为此，可以使用一些技术手段来解决这个问题。

1. 按 Esc 键，在【场景】面板中退出材质视图，返回到模型视图下。此时，e_serving_plate_075 模型应该处于选中状态。

2. 在【属性】面板中，在【旋转】下把 X 值设置为 180°，把盘子翻过来，如图 9.50 所示。

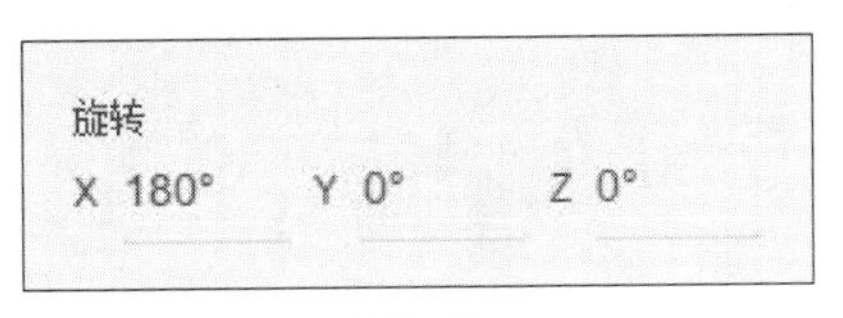

图9.50

3. 在菜单栏中依次选择【对象】>【移动到地面】。

> **提示：**【移动到地面】是常用命令，其对应的组合键是 Command+ 句点（macOS）或 Ctrl+ 句点（Windows）。

可以看到添加到盘子正面的图形出现在了盘子侧面，如图 9.51 所示。这是因为整只盘子是一个模型，而且应用了一种材质。

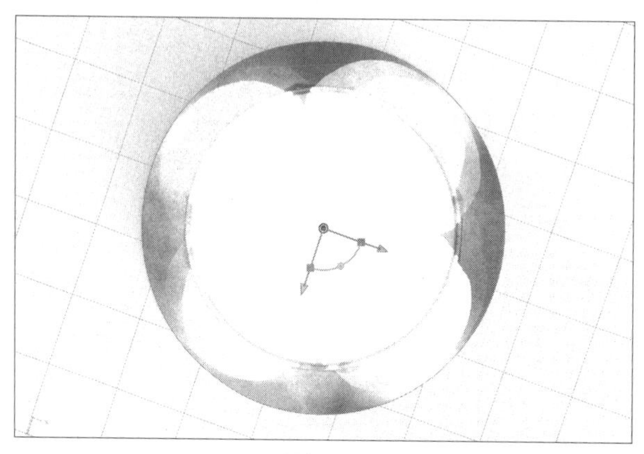

图9.51

为了避免这个问题，向盘子应用材质之前，应该先把盘子模型拆分成 3 个独立的模型（正面、侧面、背面）（使用【魔棒工具】工具与【编辑】>【剪切】、【编辑】>【粘贴】命令）。如果现在拆分模型，模型的几何结构会发生变化，我们需要重新调整图形在模型正面的位置。为了避免这种麻烦，可以使用下面的方法仅把图形应用到盘子正面。

4. 在【工具】面板中，使用鼠标右键单击或者左键双击【魔棒工具】。
5. 在工具选项面板中，把【选区大小】设置为【极小】。
6. 在工具选项面板之外单击，将其关闭。
7. 单击盘子侧面，将其选中，如图 9.52 所示。

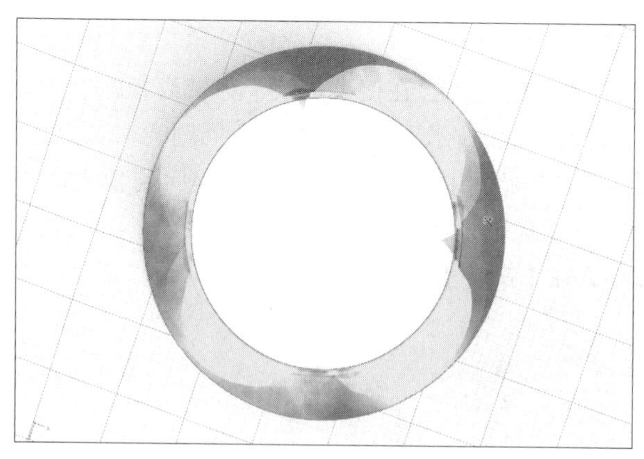

图9.52

8. 在【工具】面板顶部，单击【添加和导入内容】图标（⊕），选择【初始资源】。
9. 在【内容】面板中，单击【塑料】材质，将其应用到盘子侧面上，如图 9.53 所示。

图9.53

由于图形只能应用到模型的单个材质上，所以它不再出现在盘子侧面上，如图 9.54 所示。

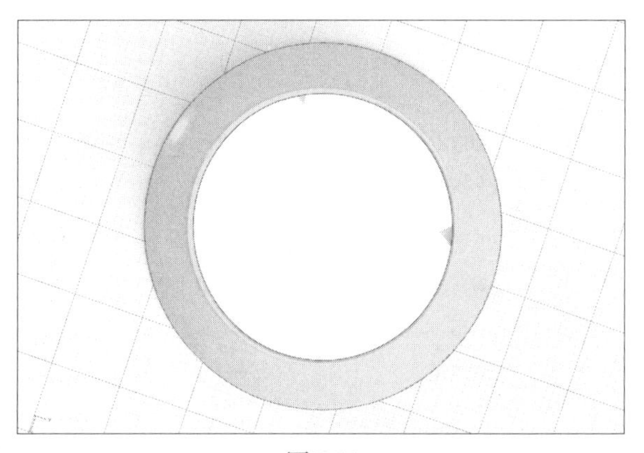

图9.54

10. 使用【魔棒工具】单击盘子背面中心，将其选中。
11. 在【内容】面板中，单击【塑料】材质，将其应用到盘子背面。
12. 在菜单栏中依次选择【选择】>【取消全选】，结果如图 9.55 所示。

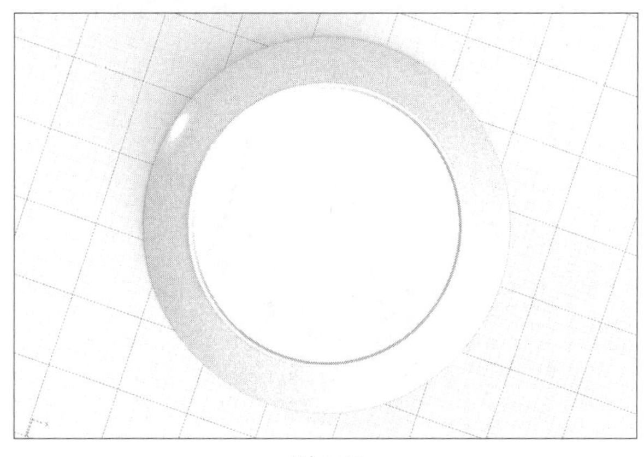

图9.55

9.8.4 调整材质属性

1. 在画布中，使用【选择工具】双击盘子模型，在【场景】面板中，显示所有应用到盘子上的材质与图形，其中有 3 种材质（e_serving_plate_075_mat、塑料、塑料 2）分别应用到了盘子不同的曲面上，它们之间有水平线分隔，如图 9.56 所示。模型的每种材质可以分别应用一张或多张图形。

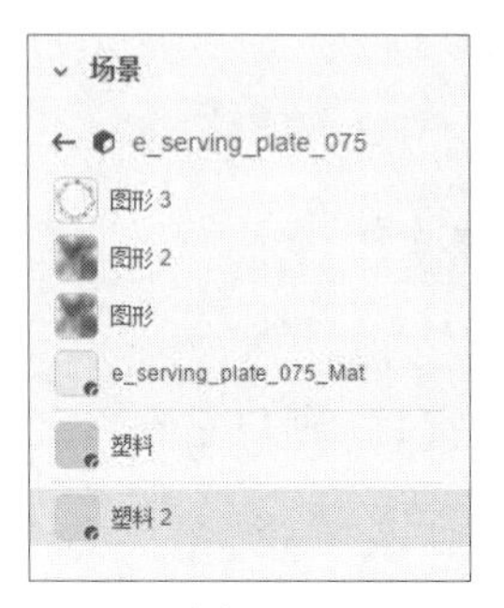

图9.56

2. 在【场景】面板中，双击“塑料 2”材质，输入“Bottom material”，按 Return 或 Enter 键，重命名材质。
3. 在【属性】面板中，单击【底色】右侧的颜色框，把颜色更改为 90（R）、50（G）、50（B）。
4. 在【属性】面板中，把【粗糙度】设置为 100%，如图 5.97 所示。

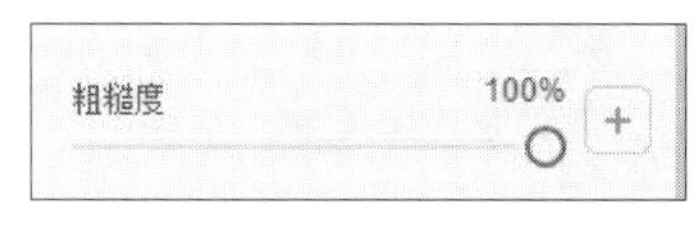

图9.57

5. 在【操作】面板中，单击【将图形放置在模型上】图标（）。
6. 选择 Penguin_pottery_logo.svg，单击【打开】按钮。
7. 根据需要，调整 logo 大小和位置。
8. 在 logo 处于选中的状态下，在【属性】面板中，把【粗糙度】更改为 100%，结果如图 9.58 所示。

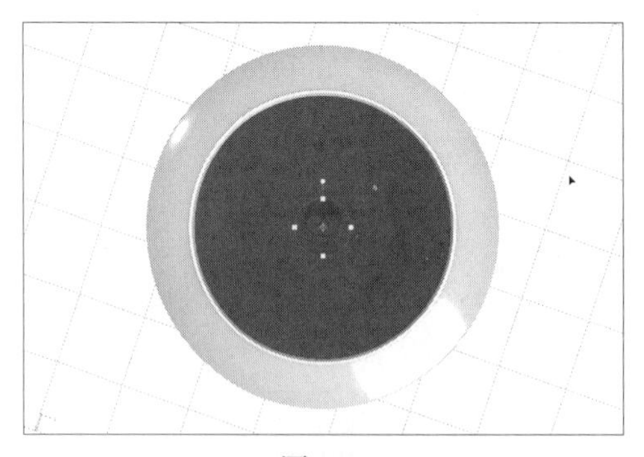

图9.58

此时，在【场景】面板中可以看到 Bottom material 应用上了 logo 图形（名称为“图形 4”），如图 9.59 所示。

图9.59

9. 按两次 Esc 键，在【场景】面板中退出材质视图，返回到模型视图下。此时，e_serving_plate_075 模型应该处于选中状态。
10. 在【属性】面板中，在【旋转】下把 X 值设置为 180°，把盘子翻转过来，如图 9.60 所示。

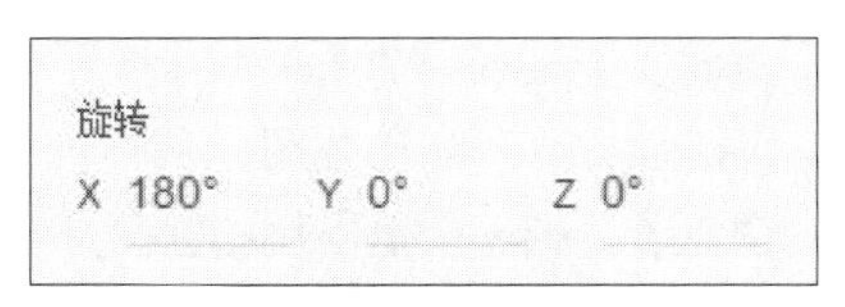

图9.60

11. 在菜单栏中依次选择【对象】>【移动到地面】。
12. 选择【环绕工具】（键盘快捷键：1），沿着画布向上拖动，直到看见盘子侧面及部分正面。
13. 在菜单栏中依次选择【相机】>【全部构建】，结果如图 9.61 所示。

图9.61

14. 使用【选择工具】，在画布中双击盘子模型，在【场景】面板中显示盘子材质。
15. 在【场景】面板中，选择“塑料”材质，如图 9.62 所示。

图9.62

16. 在【属性】面板中，单击【底色】右侧的颜色框。
17. 在拾色器中，单击【取样颜色】图标（ ），在盘子正面找一块蓝色区域，单击吸取蓝色，将其应用到盘子侧面。
18. 在【属性】面板中，把【粗糙度】设置为20%，减少盘子侧面的反光。
19. 选择【环绕工具】（键盘快捷键：1），旋转视图，从不同角度观察盘子。为了便于观察，还可以尝试复制出另外一个盘子，把一个盘子倒扣在另外一个盘子上，如图9.63所示。

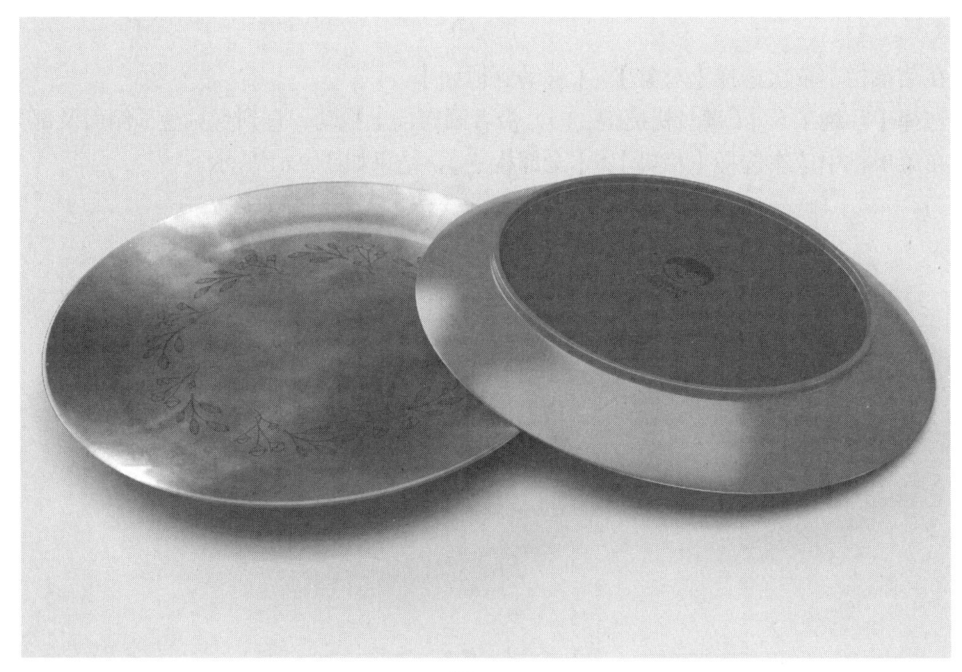

图9.63

9.9 复习题

1. 材质与图形有什么不同？
2. 有哪些格式的文件可以当作图形使用？
3. 当把一个图形放在模型表面上时，Dimension 是使用原始图形文件，还是创建一个副本保存到 .dn 文件中？
4. 除了缩放、旋转、移动之外，还有哪些图形属性可以修改？
5. 当模型的某个区域中有图形重叠时，有哪两种方法可以解决图形重叠问题？

9.10 答案

1. 材质与图形都可以用来向模型表面应用颜色与图案。相比于图形，材质有一些特定属性，比如发光、粗糙度、金属光泽、半透明度等，调整这些属性能够增强纹理的真实感，以及影响光线与材质的交互方式。图形只是一张平面图像，可以环绕应用在模型表面。

   同一个模型表面上无法应用多种材质，但是同一种材质上可以应用多个图形。
2. AI（Adobe Illustrator）、PSD（Adobe Photoshop）、JPEG、PNG、SVG、TIFF 等格式的图形文件都可以放置到模型表面上。
3. 把一个图形应用到模型之后，Dimension 会创建一个副本，将其保存到 .dn 文件中，图形副本不与原始图形文件链接在一起。
4. 把一个图形应用到模型上之后，可以调整图形的不透明度、粗糙度、金属光泽属性。
5. 当模型的某个区域中出现图形重叠时，如果不希望这样，可以使用如下方法解决这个问题：首先使用【魔棒工具】选择模型上不希望出现重叠图形的区域，然后，使用【剪切】与【粘贴】命令把选中的区域拆分出来，成为独立的模型，或者向所选区域应用新材质（或现有材质的另外一个实例）。

第10课　添加2D背景

课程概览

本课中，我们将学习如何向场景中添加一个 2D 背景，涉及如下内容：

- 支持导入哪些文件格式；
- 哪些类型的图像最适合用作背景图像；
- 如何自动匹配模型与背景图像，使之和谐融洽；
- 当自动匹配图像功能失效时该怎么办。

学完本课大约需要 45 分钟。开始学习之前，请先在数艺设社区将本书的课程资源下载到本地硬盘中，并进行解压。

为了把模型与背景图像自然地融合在一起，Dimension 提供了强大的图像匹配功能。借助这个功能，可以快速地 3D 模型融入到背景之中。但有个前提，那就是所选用的背景图像中必须有明确清晰的透视线。

10.1 背景图片的作用

Dimension 的主要目的是用一个或多个 3D 模型来创建场景。每个新建文件的初始背景都是纯白色的。当然，可以把背景颜色更改成任意颜色，更改后的颜色会应用到地板（地平面），以及其他场景背景中。

此外，还可以把一张 2D 图像导入到场景中作为背景使用，支持导入的图像格式包括 AI、JPEG、PNG、PSD、SVG、TIFF，以及 CMYK、RGB、灰度或索引颜色图像。

这些背景图像都是静态的，当使用相机工具调整场景中模型的视角时，背景图像会保持静止。一个常见的工作流程是，先使用 3D 模型和背景图像合成一个 3D 场景，然后再使用相机工具调整透视与视角，使模型自然地融入到背景图像之中。Dimension 提供了一些强大的功能来帮助我们轻松实现这个工作流程，这些功能就是本课要讲解的内容。

10.1.1 添加背景图像

有时，从一开始我们就想好了要在场景中添加什么样的背景图像。对于这种情况，一般是先向场景中导入背景图像，然后再添加并调整模型。

有时，我们是先在场景中添加模型，然后对模型进行相应调整，最后在项目即将完成时添加背景图像。

还有一些情况是，我们找不到合适的背景图像，必须自行创建背景图像。

本课中，我们会详细讲解上面 3 种情况下如何进行处理。

10.2 新建项目并导入背景图像

下面先新建一个项目，然后导入背景图像，设置好相机透视，再把模型放入到场景之中。

1. 在 Adobe Dimension 的菜单栏中依次选择【文件】>【使用设置新建】。
2. 在【新建文档】对话框中，在【画布大小】下，设置【宽】为 3000 像素，【高】为 2000 像素。
3. 取消勾选【设置为默认值】，单击【创建】按钮。
4. 在菜单栏中依次选择【文件】>【导入】>【图像作为背景】。
5. 选择 Evening_party_tabletop.jpg，单击【打开】按钮。

默认情况下，图像会出现在画布中央，并填满整个画布。这里，我们保持图像不变。

6. 在【属性】面板中，单击【匹配图像】按钮，如图 10.1 所示。

图10.1

7. 取消勾选【将画布大小调整为】，勾选【创建光线】和【匹配相机透视】，从【创建光线】

下拉列表中选择【多种光线】，然后单击【确定】按钮，如图 10.2 所示。

图10.2

图像前景中的木板有明确清晰的透视线，Dimension 能够完美地把相机透视与图像匹配起来。但是背景图像中地平面上的网格线却很难看清。为了解决这个问题，我们可以修改网格线的颜色。

8. 选择【选择工具】(键盘快捷键：V)。

9. 单击画布之外的灰色区域。

10. 在【属性】面板中，单击【网格】右侧的颜色框，如图 10.3 所示。

图10.3

11. 在拾色器中，把颜色修改为 255(R)、255(G)、255(B)。按 Esc 键，关闭拾色器。此时，网格线变成白色。

把相机透视设好之后，最好保存成相机书签，这样即使使用相机工具时不小心改变了透视，也能轻松返回去。

12. 单击屏幕右上角的【相机书签】图标()。

13. 单击加号图标(+)，新建一个书签。

14. 输入“Ending view”，按 Return 或 Enter 键，更改书签名称。

10.2.1 查看自动生成的灯光

Dimension 会根据背景图像自动提取与构建场景的光照和反射信息。

1. 单击背景图像，选择环境。

2. 在【场景】面板中，选择【环境光照】。

3. 在【属性】面板中，单击【图像】右侧的方框，如图 10.4 所示。

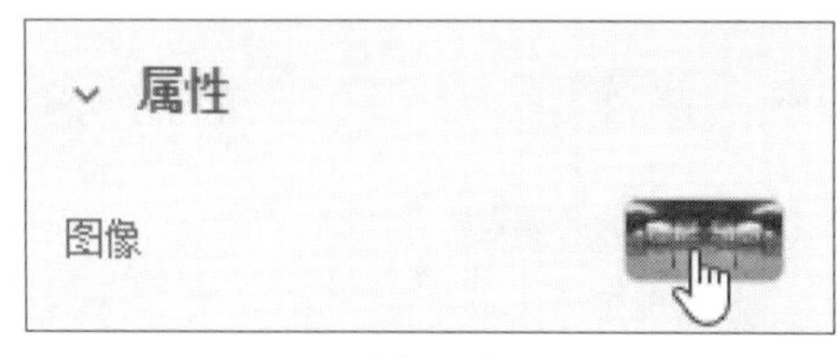

图10.4

此时在弹出的面板中，显示 Dimension 根据背景图像自动生成的球面全景图，如图 10.5 所示。Dimension 会使用这个位图图像来创建环境光照与反射。

图10.5

4. 在面板之外单击，将其关闭。

使用【匹配图像】命令时，Dimension 会分析图像，并尝试为光照选择正确的选项，但可以随时更改 Dimension 的选择。

【多种光线】选项适合包含窗户、灯泡等照明灯具的室内场景，以及有路灯等多种光源的室外夜景。这个选项会根据场景中的光源生成 1 个、2 个或 3 个定向光源。

【户外日光】适合包含室外日光的图像，不管太阳是否真的出现在图像中。该选项是户外场景的最佳选择，包括阴天场景。选择这个选项后，Dimension 会根据场景生成一个太阳光对象。

【抽象】选项适合那些不包含明确光线或强光信息的场景。选择该选项后，Dimension 会在传统的三点照明设置中创建 3 个定向光对象，然后我们可以根据实际情况进行调整。

这里，选择【多种光线】选项，【匹配图像】命令创建了两个定向光。

5. 在【场景】面板中，依次选择各个定向光，如图 10.6 所示。在【属性】面板中查看每个定向光的属性。请注意，大家在【属性】面板中看到的数值可能与图 10.7 显示的不一样。

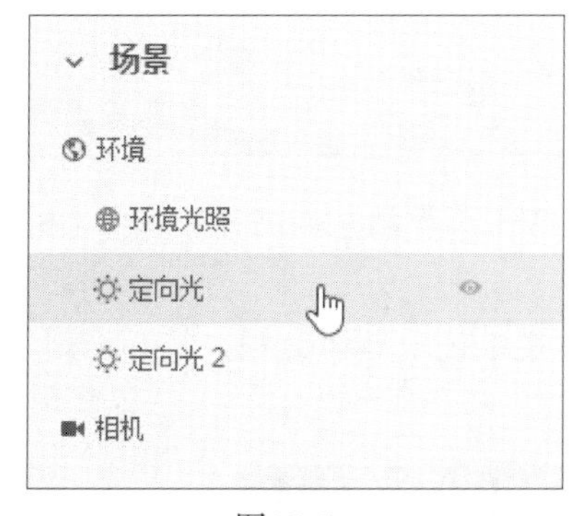

图10.6

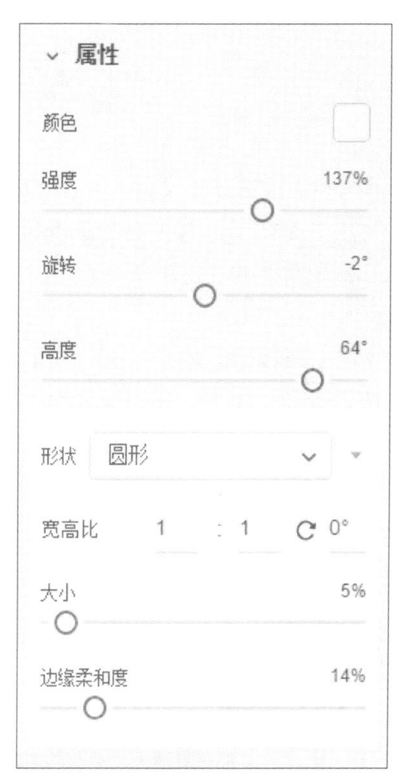

图10.7

下一课中，我们会详细讲解有关环境光照、日光、定向光的内容。

10.2.2 向场景中添加模型

把背景图像与透视设置好之后，接下来就该向场景中添加模型了。

1. 在【工具】面板顶部，单击【添加和导入内容】图标（⊕）。
2. 选择 Adobe Stock。
3. 选择【浏览所有 Adobe Stock 3D】
4. 在浏览器中打开 Adobe Stock 页面，在搜索框中输入“182469425”，按 Enter 或 Return 键。
5. 这是一个酒杯模型的 ID 编号，单击【License For Free】按钮，把模型下载到本地电脑中。
6. 在浏览器中打开 Adobe Stock 页面，在搜索框中输入“264646449”，按 Enter 或 Return 键。
7. 这是一个酒瓶模型的 ID 编号，单击【License For Free】按钮，把模型下载到本地电脑中。
8. 在 Dimension 的菜单栏中依次选择【文件】>【导入】>【3D 模型】。
9. 进入保存文件夹下，打开名为 AdobeStock_182469425 的文件夹，选择 a_wine_glass_1_125.obj 文件，单击【打开】按钮。此时，Dimension 会把模型置于场景中央，并使其位于地面上。
10. 相比于背景图像，酒杯显得太小了。为了把酒杯变大一些，在【属性】面板中，单击【大小】右侧【约束比例】图标（🔒），开启比例约束，然后把 X 值设置为 10 厘米，如图 10.8 所示。

大小

X 10 厘米 Y 21.59 厘 Z 10 厘米

图10.8

11. 在菜单栏中依次选择【文件】>【导入】>【3D 模型】。

12. 进入保存文件夹下，打开名为 AdobeStock_264646449 的文件夹，选择 packaging_wine_bottle.obj 文件，单击【打开】按钮。此时，Dimension 会把模型置于场景中央，并使其位于地面上。

13. 在【属性】面板中，单击【大小】右侧的【约束比例】图标（🔒），开启比例约束，然后把 X 值设置为 9 厘米，让酒瓶变大一些。

> Dn **提示：**开关【预览模式】的键盘快捷键是“\”（反斜杠）。

14. 根据需要，使用【选择工具】（键盘快捷键：V）调整酒瓶与酒杯在木桌上的大小与位置，如图 10.9 所示。

酒杯是空的，它只有在开启【渲染预览】之后才能准确地显示出来。在接下来的内容学习中，建议打开【渲染预览】，并使其一直处于开启状态。

图10.9

15. 按住 Option（macOS）或 Alt（Windows）键，拖动酒杯，复制出另外 4 个酒杯。沿着红色箭头或蓝色箭头拖动，可确保复制出的酒杯始终位于地平面上（与场景中的木板对齐）。

16. 多次重复步骤 14，把 5 个酒杯放到指定的位置上。

17. 摆放酒杯时，可使用【环绕工具】（键盘快捷键：1）旋转场景视图，观察酒杯相互间的位置，如图 10.10 所示。摆好酒杯后，在菜单栏中依次选择【相机】>【切换到主视图】，返回到早前保存的相机书签下。

> Dn **提示：**【相机】>【切换到主视图】命令很常用，其对应的组合键是 Command+B（macOS）或 Ctrl+B（Windows）。

图10.10

请注意，背景图像是静止不动的，无法使用相机工具来改变其视图。相机工具只能用来改变场景中 3D 模型的视图。

10.2.3 使用【放置到地面】命令

在 Dimension 中，有两种方法可以把模型自动置于地平面之上。下面我们一起了解这两种方法。

1. 把任意一个酒杯移动到桌面一侧靠近边缘的地方，使其远离其他酒杯。
2. 沿绿色箭头向上拖动酒杯，使其离开桌面。
3. 拖动蓝色圆圈旋转酒杯，使【旋转】下的 Z 轴值变为 −50° 左右，如图 10.11 所示。

图10.11

4. 在菜单栏中依次选择【对象】>【移动到地面】，结果如图 10.12 所示。

图10.12

这有点离谱。哪有酒杯能这样立在桌面上的？！

5. 在菜单栏中依次选择【编辑】>【还原变换】。

6. 在菜单栏中依次选择【对象】>【放置到地面】，结果如图 10.13 所示。

图10.13

这样才合乎常理嘛！【对象】>【放置到地面】命令使用基于物理原理的算法来计算出模型如何倒在地平面上。相比于【对象】>【移动到地面】命令，有时使用【对象】>【放置到地面】命令可以更快、更轻松地把一个模型放到地面上。

关于如何往酒瓶上贴标，相关内容前面已经讲过，请大家自己完成，这里不再赘述。最终结果如图 10.14 所示。

图10.14

10.3　向现有场景添加背景图像

在 Dimension 中搭建场景时，有时我们会先摆放好模型，然后再向场景中添加背景图像。下面我们一起做一下。

1. 在 Dimension 的菜单栏中依次选择【文件】>【打开】。
2. 选择 Lesson_10_02_begin.dn，单击【打开】。

在打开的场景中，只有一些模型（圆桌、椅子、汽水罐），没有背景图像。摆放这些模型时，需要多次改变相机视图，才能准确设置好模型在场景中的位置，如图 10.15 所示。接下来，向场景中添加一张背景图像，使模型与背景自然地融合在一起。

图10.15

3. 在菜单栏中依次选择【文件】>【导入】>【图像作为背景】。

4. 选择 Village_square.jpg，单击【打开】。

此时，Dimension 把背景图像放到场景中央。仔细观察图 10.16，可以发现背景图像的宽高比与 Dimension 文件不一致。我们希望 Dimension 画布与背景图像的宽高比一致，并增加 Dimension 文件的像素数量。

> **提示：** 此外，还可以直接从"访达"（macOS）、文件浏览器（Windows）或 Adobe Bridge 中把一幅图像拖入画布来导入背景图像。

图10.16

5. 使用【选择工具】（键盘快捷键：V），单击画布周围的灰色区域。

6. 在【操作】面板中，单击【匹配背景宽高比】图标（），改变 Dimension 文件的尺寸来匹配背景图像的宽高比，结果如图 10.17 所示。

图10.17

7. 在【属性】面板中，单击【画布大小】右侧的锁链图标（🔒），开启【约束比例】功能。
8. 在【宽度】中，在“508 像素”后输入“*3”，按 Return 或 Enter 键，使修改生效，如图 10.18 所示。

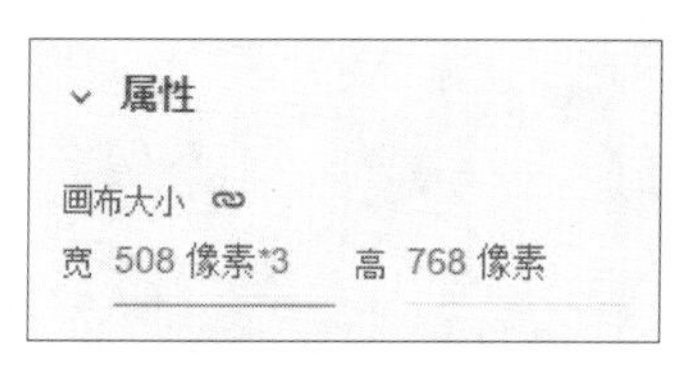

图10.18

开启了【约束比例】功能之后，当画布宽度发生变化时，画布高度会随之发生变化，并且保持原来的宽高比例不变。

9. 在菜单栏中依次选择【视图】>【缩放以适合画布大小】。

10.3.1 匹配场景与图像

当背景图像中包含明确的透视线时，比如这里用到的村庄广场图像，Dimension 会自动尝试把相机透视与背景图像进行匹配，这样可以省去使用相机工具手动调整透视的麻烦，节省大量时间，提高工作效率。

1. 单击画布中的背景图像。
2. 在【操作】面板中，单击【匹配图像】按钮，如图 10.19 所示。

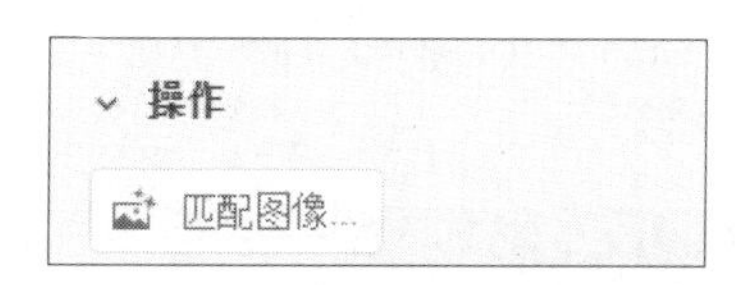

图10.19

3. 取消勾选【将画布大小调整为】，勾选【创建光线】与【匹配相机透视】，从【创建光线】下拉列表下选择【户外日光】，然后单击【确定】按钮，如图 10.20 所示。

图10.20

此时，Dimension 会根据新透视和相机视角对齐模型，但模型之间的关系保持不变，结果如图 10.21 所示。

图10.21

4. 在菜单栏中依次选择【选择】>【取消全选】，取消选择模型。
5. 根据需要，沿着红色箭头与蓝色箭头把模型拖动到指定位置。
6. 仔细观察图 10.22，可以发现圆桌和椅子的投影方向和强度与路灯的投影一致了。在【场景】面板中选择【阳光】，然后在【属性】面板中调整【强度】【旋转】【高度】【混浊度】等属性，可以进一步调整投影。

图10.22

10.4 【匹配图像】功能不好用时怎么办

在本课的前两个练习中,【匹配图像】功能很好用,能够帮助我们轻松创建出场景。但是,有时 Dimension 无法准确计算出图像的透视,这时就需要手动操作了。导致【匹配图像】功能失效的原因有很多,比如因为使用广角镜头或编辑图像而导致图像发生失真、变形,或者图像中不包含透视线,Dimension 无法通过图像确定透视关系。

1. 在 Dimension 的菜单栏中依次选择【文件】>【新建】。
2. 在菜单栏中依次选择【文件】>【导入】>【图像作为背景】。
3. 选择 Parking.jpg,单击【打开】按钮。
4. 在【场景】面板中,选择【环境】。
5. 在菜单栏中依次选择【图像】>【匹配图像】。
6. 在【匹配图像】面板中勾选【将画布大小调整为】,从下拉列表中选择【图像大小】;勾选【创建光线】,从下拉列表中选择【户外日光】。请注意,此时【匹配相机透视】选项处于灰色不可用状态,这表示 Dimension 无法从图像中提取足够多的信息来确定透视关系。若【匹配相机透视】选项可用,请取消勾选该项。我们一起学习如何手动设置相机透视。单击【确定】按钮,如图 10.23 所示。

图10.23

7. 为了手动设置相机透视,首先选择【水平线工具】(键盘快捷键:N)。
8. 把鼠标移动到屏幕顶部的水平线上,按下鼠标左键向下拖动,使其恰好经过停车位两条白实线延长线的交点,如图 10.24 所示。

图10.24

9. 使用鼠标右键单击【水平线工具】，在【交互模式】中选择【转动相机】，如图 10.25 所示。

图10.25

Dn **注意：**由于相机镜头有畸变，所以有时我们无法准确地找到消失线。这种情况下，找个大概就行了，当然越接近真实的消失线越好，这样在调整场景中的模型时，模型才能尽可能真实地融入到背景之中。

10. 在工具选项面板之外单击，将其关闭。

11. 沿着图像水平向右拖动，使网格线在水平线处消失，如图 10.26 所示。

图10.26

12. 调整好透视之后，把相机位置保存成一个书签。单击屏幕右上方的【相机书签】图标（ ）。
13. 单击加号图标（ ），新建一个书签。
14. 输入“Ending view”，按 Enter 或 Return 键，修改书签名称。

10.4.1 向场景中添加模型

在根据背景图像建好场景透视之后，接下来就可以向场景中添加模型，并调整模型位置，使其自然地融入到背景之中了。

1. 在【工具】面板顶部，单击【添加和导入内容】图标（ ）。
2. 选择 Adobe Stock。
3. 选择【浏览所有 Adobe Stock 3D】
4. 在浏览器中打开 Adobe Stock 页面，在搜索框中输入“201384101”，按 Enter 或 Return 键。
5. 单击【License For Free】按钮，把模型下载到本地电脑中。
6. 在 Dimension 的菜单栏中依次选择【文件】>【导入】>【3D 模型】。
7. 进入保存文件夹下，打开名为 AdobeStock_201384101 的文件夹，选择 mini_pickup_truck_257.obj 文件，单击【打开】按钮。
8. 相比于背景图像，卡车模型实在太大了，以至于只能看见模型很小一部分（见图 10.27）。为使卡车模型更好地适应场景，在菜单栏中依次选择【相机】>【构建选区】（键盘快捷键：F）。

图10.27

9. 使用【选择工具】（键盘快捷键：V）拖动绿色圆形，绕着 Y 轴旋转卡车，使其正脸朝前，如图 10.28 所示。

图10.28

10. 在【属性】面板中，单击【大小】右侧的锁链图标（🔓）。

11. 把 X 值设置为 350 厘米，按 Enter 或 Return 键，使卡车变得更大一些。

12. 使用【选择和移动】工具（键盘快捷键：V），根据需要调整卡车位置，如图 10.29 所示。

图10.29

10.5 自己制作背景

如果找不到合适的背景图像，则可以使用 Adobe Photoshop 或 Illustrator 等图形图像程序自己创建 2D 背景，或者在 Dimension 中使用几何模型搭建 3D 背景。

10.5.1 使用由 Photoshop 制作的 2D 背景

有时，只需一个简单的背景，就能使场景变得真实起来。这样的背景在 Photoshop 中用几种颜色或渐变就能轻松制作出来。

1. 在 Dimension 的菜单栏中依次选择【文件】>【打开】。
2. 选择 Lesson_10_04_begin.dn，单击【打开】。
3. 在菜单栏中依次选择【文件】>【导入】>【图像作为背景】。
4. 选择 Simple_background.psd，单击【打开】，结果如图 10.30 所示。

这个简单的背景由 Photoshop 制作，包含两个渐变，分别代表"地板"和"墙壁"，或者"地面"和"天空"。当然，还可以使用各种颜色、纹理、图案制作出更复杂的背景来。

图10.30

5. 在画布中单击背景图像，选择【环境】。
6. 在菜单栏中依次选择【图像】>【匹配图像】。
7. 在【匹配图像】面板中，取消勾选【将画布大小调整为】，勾选【创建光线】。由于背景图像中无明确光源，所以 Dimension 选择【抽象】作为灯光类型，如图 10.31 所示。

图10.31

此外，由于背景图像中无透视线，所以 Dimension 也无法自动匹配相机透视，【匹配相机透视】选项处于灰色不可用状态。在这种情况下，需要手动调整水平线的位置。单击【确定】按钮。最终结果如图 10.32 所示。

图10.32

8. 使用鼠标左键双击或者使用鼠标右键单击【水平线工具】，确保【转动并升高 / 降低相机】处于选中状态，如图 10.33 所示。

图10.33

9. 在工具面板之外单击，将其关闭。

此时，画布中并未出现水平线，原因是相机角度太偏导致水平线脱离了画布顶部。在文档窗口的左上角和右上角可以看到两个脱屏图标（）。

10. 选择【环绕工具】（键盘快捷键：1）。

11. 沿着图像向上拖动，使模型呈现出侧视图。

12. 选择【水平线工具】（键盘快捷键：N）。

13. 拖动水平线，使其与背景图像中的水平线重合，如图 10.34 所示。

图10.34

14. 单击屏幕右上方的【相机书签】图标（）。

15. 单击加号图标（+），新建一个书签。

16. 输入“Starting view”，按 Enter 或 Return 键，修改书签名称。

17. 根据需要，使用选择工具、平移工具、推拉工具，调整模型在场景中的位置，如图 10.35 所示。

图10.35

10.5.2　在 Dimension 中搭建 3D 背景

Dimension 中提供了一些简单的模型，比如曲面、布料背景、空心球体、空心立方体、平面、半管道。可以使用这些简单模型创建一个背景来摆放模型。本课中，我们将创建两面墙和一个地板来展示客厅家具。

1. 在 Dimension 中，依次选择【文件】>【使用设置新建】，创建一个 3000 像素 ×2000 像素的场景。
2. 在【工具】面板顶部，单击【添加和导入内容】图标（⊕）。
3. 选择 Adobe Stock。
4. 选择【浏览所有 Adobe Stock 3D】
5. 在浏览器中打开 Adobe Stock 页面，在搜索框中输入“172868940”，按 Enter 或 Return 键。
6. 单击【License For Free】按钮，把模型下载到本地电脑中。
7. 在 Dimension 的菜单栏中依次选择【文件】>【导入】>【3D 模型】。
8. 进入保存文件夹下，打开名为 AdobeStock_172868940 的文件夹，选择 a_couch_1_159.obj 文件，单击【打开】按钮。
9. 在菜单栏中依次选择【相机】>【全部构建】。
10. 选择【推拉工具】（键盘快捷键：3），沿着画布往下拖，使相机远离沙发，让沙发看起来小一些，如图 10.36 所示。

图10.36

11. 在【初始资源】的【基本形状】下，找到并单击【平面】，将其放入场景中。此时，平面很小，并且位于沙发之下，所以看不见。
12. 在【平面】模型处于选中的状态下，在【属性】面板的【大小】下，设置 X 与 Z 值为 500 厘米，如图 10.37 所示。

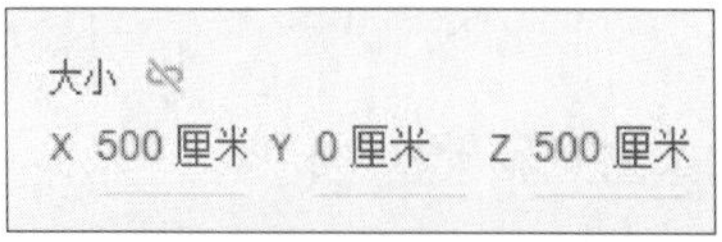

大小

X 500 厘米 Y 0 厘米 Z 500 厘米

图10.37

建议一开始就导入场景中要用的全部或大部分模型，这有助于观察相对尺寸。这里，先导入沙发模型，有助于我们把握地板和墙体尺寸。

13. 在【场景】面板中，双击“平面”，将其名称修改为“Floor”。

14. 在菜单栏中依次选择【编辑】>【重复】，复制出另外一个 Floor 模型。

15. 在【属性】面板中，把【旋转】下的 X 值设置为 90°（见图 10.38），把 Floor 模型副本作为右侧墙体使用。

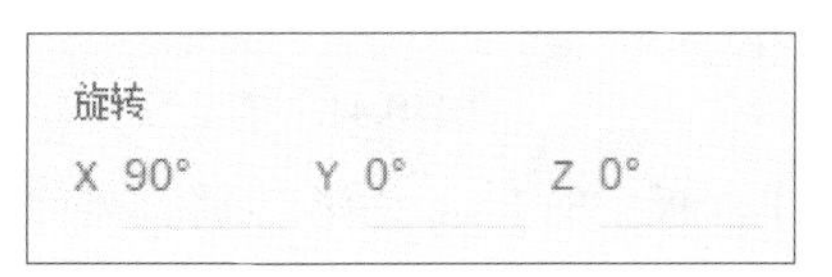

图10.38

16. 双击刚刚添加到【场景】面板中的 Floor 模型，将其名称修改为“Right wall”，如图 10.39 所示。

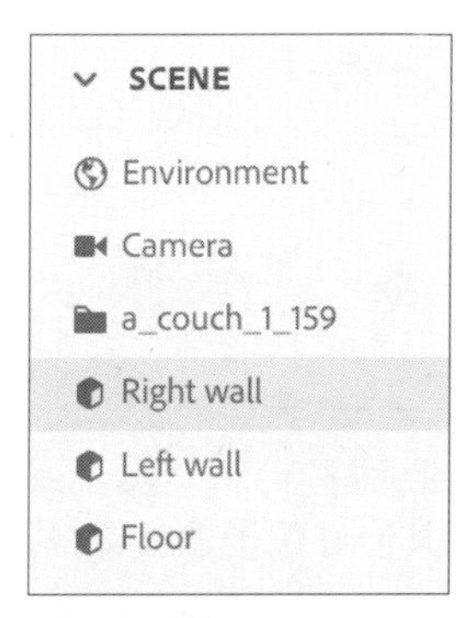

图10.39

17. 使用【选择工具】（键盘快捷键：V）向右拖动立式墙体，使其恰好位于地板右边缘，如图 10.40 所示。

图10.40

18. 再次选择 Floor 模型。

19. 在菜单栏中依次选择【编辑】>【重复】，复制出另外一个 Floor 模型。

20. 在【属性】面板中，把【旋转】下的 Z 轴值设置为 90°（见图 10.41），把 Floor 模型副本作为左侧墙体使用。

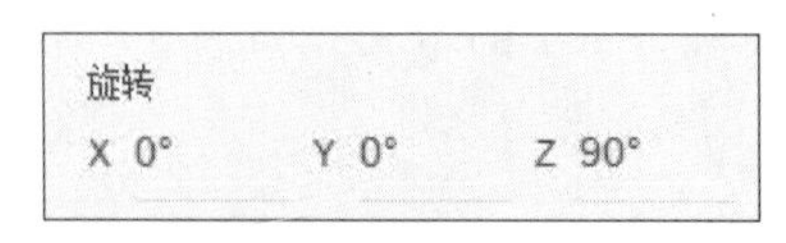

图10.41

21. 双击刚刚添加到【场景】面板中的 Floor 模型，将其名称修改为“Left wall”，如图 10.42 所示。

图10.42

22. 沿红色箭头向左拖动墙体，使其恰好位于地板边缘上，如图 10.43 所示。

图10.43

请注意，墙面可以与地面相交，并且可以有一部分出现在地面之下，反正我们只能看见地面之上的部分。

23. 选择 Floor 模型。

24. 在【初始资源】的【Substance 材质】下，选择【木质镶板】(SBSAR 材质)，将其应用到 Floor 模型上，如图 10.44 所示。

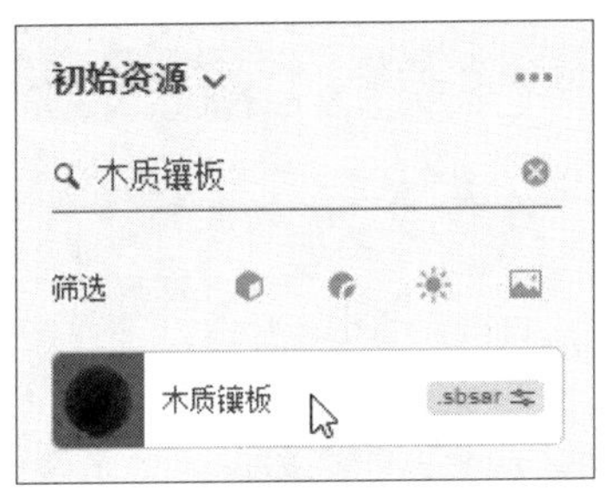

图10.44

25. 在【属性】面板中，尝试调整【木质镶板】材质的各个属性，直到获得满意的结果，如图 10.45 所示。

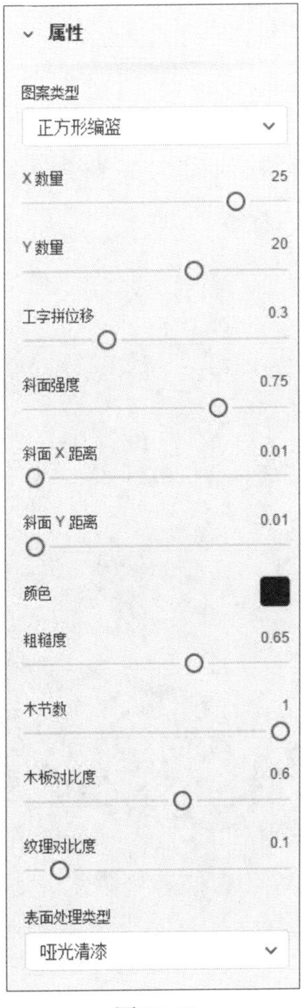

图10.45

26. 双击 Left wall 模型，显示其材质。

27. 在【属性】面板中，单击【底色】右侧的颜色框，为墙面选择一种颜色，如图 10.46 所示。

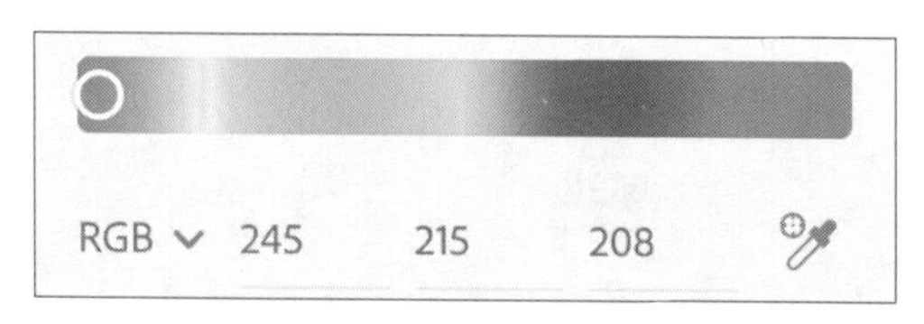

图10.46

28. 双击 Right wall 模型，显示其材质。

29. 在【属性】面板中，单击【底色】右侧的颜色框，为墙面选择一种颜色，如图 10.47 所示。

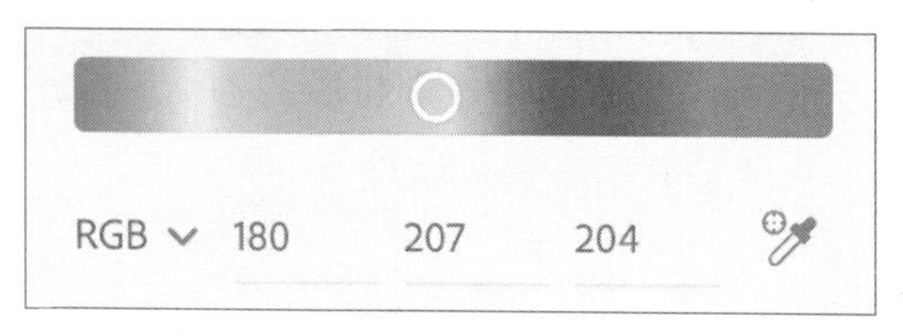

图10.47

30. 根据需要，调整沙发位置。

31. 根据需要，调整相机位置。最终结果如图 10.48 所示。

图10.48

10.6 复习题

1. 有哪两种方法可以把背景图像导入到场景中？
2.【匹配图像】选项有哪些功能？
3. 当【匹配图像】功能失效时，可使用什么工具来修正透视？
4. 执行【匹配图像】命令的两种方法是什么？

10.7 答案

1. 有两种方法可以把背景图像导入到场景中：使用【文件】>【导入】>【图像作为背景】命令；把图像直接从“访达”（macOS）、文件浏览器（Windows）或 Adobe Bridge 中拖入到 Dimension 的画布中。
2. 使用【匹配图像】功能可以做到：根据图像大小或宽高比，调整画布大小；从图像中提取光照信息，创建合适的场景灯光；根据图像，匹配相机透视。
3. 当【匹配图像】功能失效时，可使用【水平线工具】来修正或调整透视。
4. 执行【匹配图像】命令的方法有两种：在菜单栏中依次选择【图像】>【匹配图像】命令；选中背景图像后，在【操作】面板中单击【匹配图像】按钮。

第11课　使用灯光

课程概述

本课中，我们将学习如何在3D场景中使用灯光，涉及如下内容：

- 环境光与定向光的不同；
- 如何根据背景图像自动创建环境光照；
- 如何更改日光属性；
- 如何加载新的环境光并更改其属性；
- 如何在场景中使用多个定向光。

学完本课大约需要45分钟。开始学习之前，请先在数艺设社区将本书的课程资源下载到本地硬盘中，并进行解压。

Dimension 提供了丰富的灯光属性，通过调整这些属性，可以创建出真实的高光、阴影和反射效果。

11.1 了解灯光类型

Dimension 支持 3 种类型的灯光，分别是环境光（即下文中的环境光照）、定向光、发光材质。环境光来自于 360° 图像，其中包含反射与照明，大量灯光预设都属于环境光。多个定向光可以组合在一起，创建出源自多个光源的自定义灯光。阳光是一种特殊类型的定向光，用来模拟太阳光，能够产生强烈的光照和阴影效果。有些材质有【发光】属性，这样的材质不仅可以照亮应用该材质的模型，还可以照亮相邻的面。一个场景中可能只有环境光、定向光、阳光、发光物体中的一种，也可能同时有好几种灯光。

向场景中添加灯光后，可以在【场景】面板中的【环境】下找到它们。不论是什么类型的灯光，都可以在【属性】面板中调整它们的各种属性。

11.2 使用环境光照

下面我们尝试在一个尚未完成的场景中使用环境光照，了解这种灯光的特点。

1. 在 Dimension 的菜单栏中依次选择【文件】>【打开】。
2. 转到 Lessons >Lesson11 文件夹下，选择 Lesson_11_01_begin.dn，单击【打开】按钮。

为了模拟广场背景在加入现代雕塑后的样子，我们先从【初始资源】中把【莫比乌斯带】模型放入场景中，然后向模型应用【金属】材质，将相机透视与模型匹配起来，保存为一个相机书签。目前，尚未对灯光做任何操作。

3. 若想观看准确的灯光效果，请单击【渲染预览】图标（ ），打开【渲染预览】功能。请注意，只有打开【渲染预览】才能看到反光等效果，不然，就只能看到粗略的灯光和阴影效果。
4. 在【场景】面板中，选择【环境】，在其下显示【环境光照】，然后再选择【环境光照】，如图 11.1 所示。

图11.1

5. 把鼠标移动到【环境光照】上，单击右侧的眼睛图标（ ），关闭环境光照。此时，莫比乌斯环变得漆黑一片，因为没有任何环境光或其他光源照射到模型，如图 11.2 所示。
6. 再次单击【环境光照】右侧的眼睛图标（ ），打开【环境光照】。此时，可以在模型的金属表面看到高光和反光（见图 11.3），但它们似乎与背景图像没有任何关系。

图11.2

图11.3

7. 在【属性】面板中，单击【图像】右侧的方框，如图 11.4 所示。

图11.4

此时，在弹出的面板中显示一幅图像，其显示的是标准的影棚灯光，如图 11.5 所示。若未指定其他环境光，Dimension 就会自动启用默认的环境光照，而默认的环境光照会使用这幅图像进行照明。

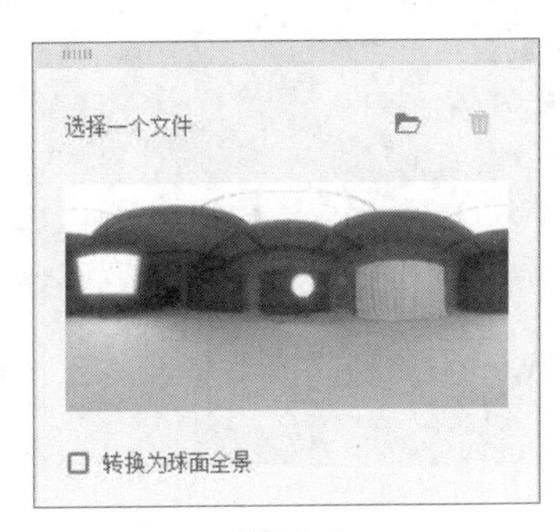

图11.5

当打在模型上的光线与照在建筑物上的光线一致，并且在模型的金属表面上映照出周围的广场与建筑时，整个场景会显得更加自然、真实。事实上，Dimension 能够自动从背景图像中提取这些信息。

8. 单击画布中的背景图像，选中【环境】。

9. 在【操作】面板中，单击【匹配图像】，如图 11.6 所示。

图11.6

10. 取消勾选【将画布大小调整为】，勾选【创建光线】，从下拉列表中选择【户外日光】，单击【确定】按钮，如图 11.7 所示。

匹配图像
将画布大小调整为
图像宽高比
创建光线
户外日光
匹配相机透视
确定

图11.7

此时，在模型的金属表面上就映照出周围的环境与建筑，模型与背景图像融合地更自然、真实，如图 11.8 所示。

图11.8

11. 观察莫乌比斯环在地面上的投影，可以看到投影很强烈，这是因为执行【匹配图像】命令时会在场景中添加一个【阳光】光源。在【场景】面板中，把鼠标移动到【阳光】上，单击眼睛图标（），将其关闭，如图 11.9 所示。

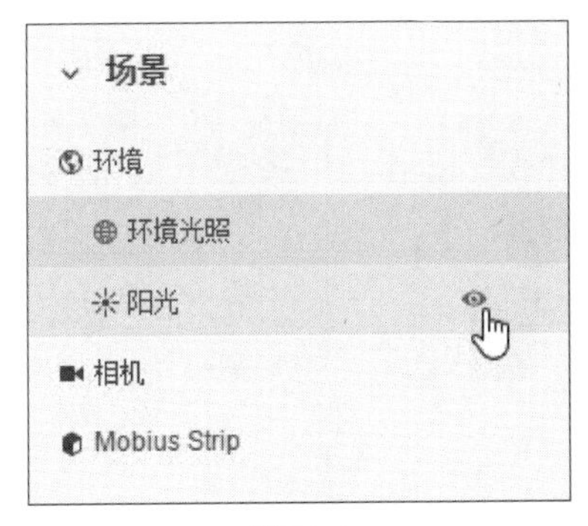

图11.9

12. 再次在【场景】面板中选择【环境光照】。

13. 在【属性】面板中，单击【图像】右侧的方框，如图 11.10 所示。

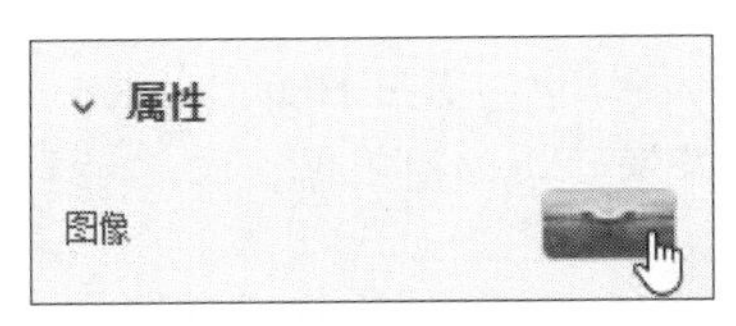

图11.10

在弹出的面板中会看到一个球面全景，这是 Dimension 根据背景图像自动创建的，如图 11.11 所示。

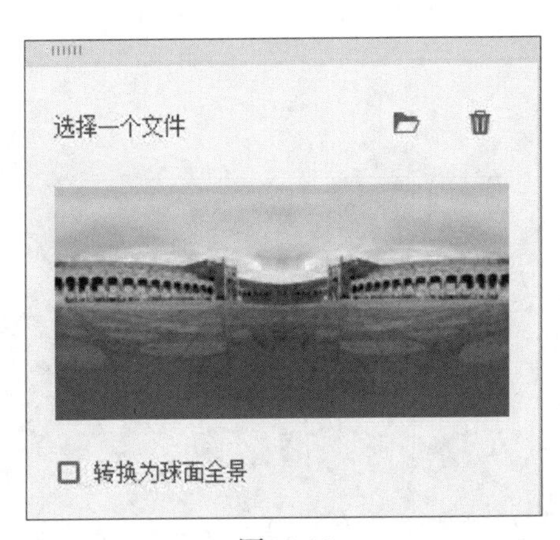

图11.11

14. 在面板之外单击，将其关闭。

15. 在【属性】面板中，把【强度】设置为 130%，提高照明强度，但这只影响场景中的模型，而不影响背景图像，如图 11.12 所示。

16. 在【属性】面板中，调整【旋转】滑块，旋转环境光照的球面投影。此时，模型表面的高光、阴影、反光会发生变化。

17. 在【属性】面板中，勾选【着色】，单击【着色】右侧的颜色框。在拾色器中，单击【取样颜色】图标（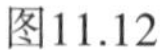），在天空中找一块淡蓝色区域单击，如图 11.13 所示。此时，环境光就有了淡蓝色调。

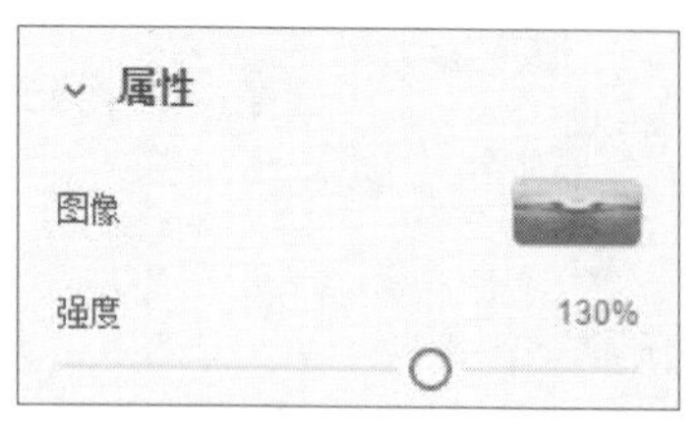

图11.12

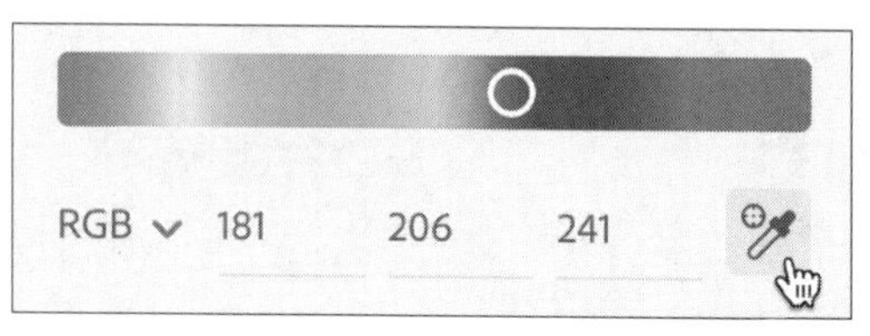

图11.13

11.2.1 把位图图像用作环境光

在 Dimension 中，可以轻松地把 AI、EXR、HDRI、JPEG、PNG、PSD、SVG、TIFF 图像作为环境光使用。使用时，Dimension 会使用“内容识别填充”技术把这些图像转换成 360° 全景图像。

> Dn **提示：**在上面这些格式的图像中，选用 HDRI、EXR 图像作为环境光能够获得最好的结果。因为这两类图像都是高动态范围图像，相比于其他格式的图像，能够提供更多灯光信息。

1. 在【属性】面板中，取消勾选【着色】选项。
2. 在菜单栏中依次选择【文件】>【导入】>【图像作为光照】
3. 选择 Clouds.jpg，单击【打开】按钮，如图 11.14 所示。

图11.14

4. 在【属性】面板中，单击【图像】右侧的图像缩览图，在弹出的面板中，可以看到 Dimension 把 JPEG 图像转换成了球面图像，如图 11.15 所示。

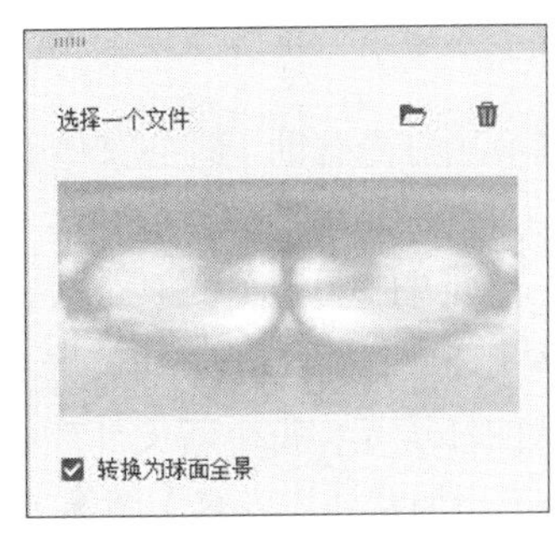

图11.15

5. 在【场景】面板中，单击【阳光】右侧的眼睛图标（ ），显示阳光，在场景中添加强烈的投影。结果如图 11.16 所示。

图11.16

灯光与文件格式

在把AI、JPEG、PNG、PSD、SVG、TIFF图像作为环境光使用时，并不能产生逼真的光影效果。这是因为这些格式的图像都是低动态范围图像，仅包含环境照明和反光。此时，可以通过添加阳光来产生戏剧化的光影效果。

在Dimension中，可以导入HDRI、EXR图像作为环境光使用。这类图像都是高动态范围图像，能够产生逼真的环境光、反光，以及戏剧化的光影效果。

此外，还可以导入IBL（Image Based Light，基于图像的光照）文件作为环境光使用。IBL文件是个打包的容器，其中包含多幅图像，分别对应于光照、反光、背景。这种格式的文件能够产生非常真实的光照效果，但是由于文件格式不统一，有些IBL文件无法正常导入到Dimension中使用。

11.2.2 使用【初始资源】中的环境光

在 Dimension 中，向球体、圆锥应用灯光有助于理解某些灯光的行为方式。下面向一个包含这些对象的简单场景中应用环境光，并进行编辑。

1. 在菜单栏中依次选择【文件】>【打开】。
2. 转到 Lessons >Lesson11 文件夹下，选择 Lesson_11_02_begin.dn，单击【打开】按钮。此时，整个场景中只有一个默认的环境光，每个新文件都包含这个默认的环境光。
3. 在【工具】面板顶部，单击【添加和导入内容】图标（⊕）。
4. 选择【初始资源】。
5. 单击【光照】图标（☀），只在面板中显示灯光。
6. 在【环境光】下，选择【摄影棚暖色主光】，如图 11.17 所示。

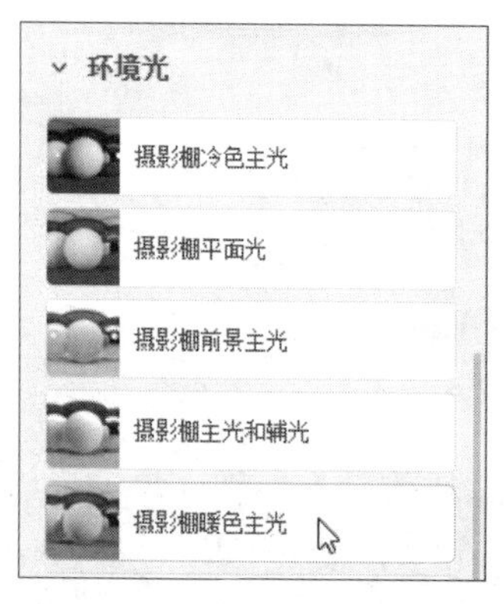

图11.17

> **提示：**在 Adobe Stock 网站中有海量的环境光资源，这些环境光资源都针对 Dimension 做了特别优化，用起来非常方便。如果想使用这些资源，请前往 Adobe Stock 网站购买。

此时，可以看到对象上的高光区域、光线颜色，以及阴影方向都发生了变化，如图 11.18 所示。

图11.18

7. 在【场景】面板中，单击【环境】，在其下方显示出【环境光照】。然后，选择【环境光照】，如图 11.19 所示。

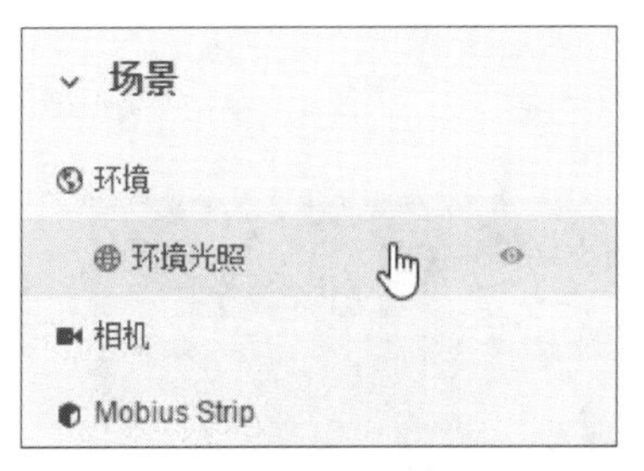

图11.19

8. 在【属性】面板中，调整【强度】【旋转】【着色】，了解这些属性是如何影响环境光的，如图 11.20 所示。

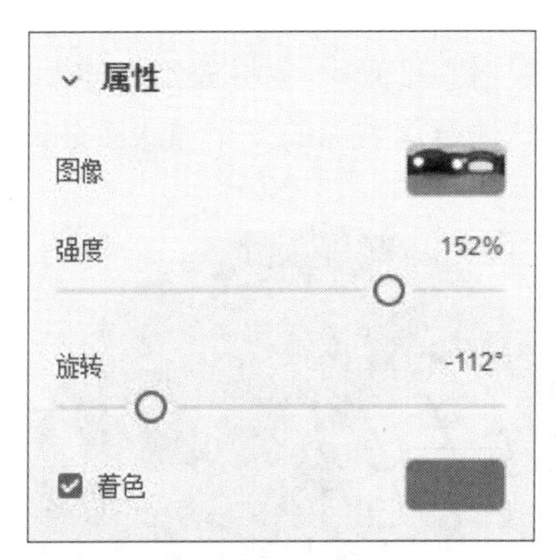

图11.20

> **注意：** 一个场景可以只包含一个【环境光照】。此时，在【场景】面板中就只显示【环境光照】。这可能会让人有些困惑，因为作为环境光使用的图像中可能包含多个灯光。

9. 在【内容】面板中，选择【摄影棚舞台光 A】，如图 11.21 所示。

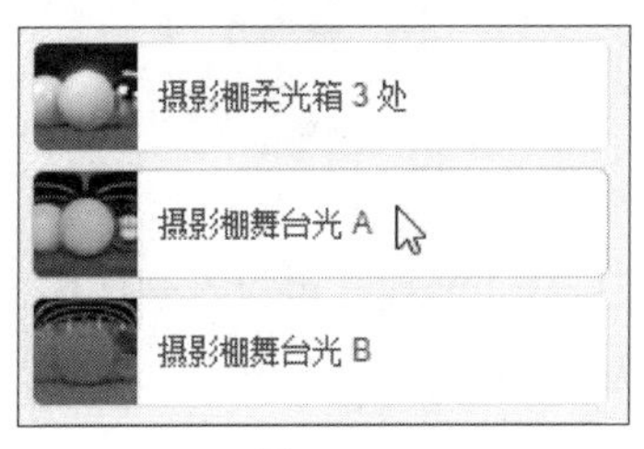

图11.21

10. 在【属性】面板中，可以看到【强度】【旋转】属性值分别被设置回 100% 与 0° ，而且【着色】处于未勾选状态。每次向场景中应用新的环境光时，这些属性值都会被重置成默认值。

11. 在【属性】面板中，单击【图像】右侧的方框，显示出用来生成“摄影棚舞台光 A”的球面全景，如图 11.22 所示。

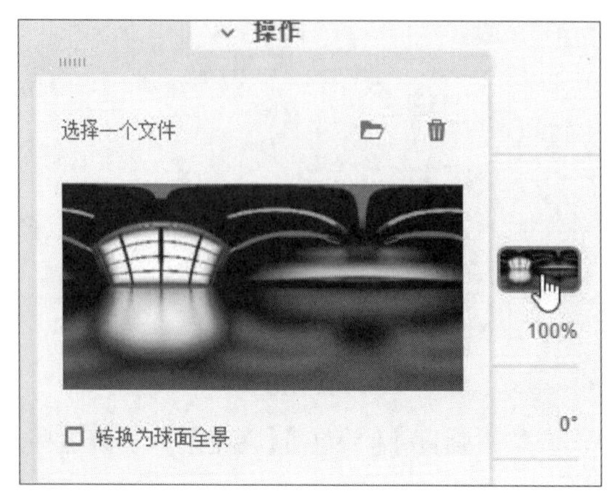

图11.22

12. 选择【推拉工具】(键盘快捷键：3)，把鼠标放到球体模型上，按下鼠标左键向上拖动，放大球体。此时，可以看到球体金属表面的反光和球面全景图像中的一样，如图 11.23 所示。

图11.23

13. 在【属性】面板中，调整【旋转】滑块，可以看到球体模型表面上的反光发生了旋转变化。

14. 在菜单栏中依次选择【相机】>【切换到主视图】，重置相机视角。

11.3 在场景中添加【阳光】

除了【环境光照】之外，场景还可以包含另外一个光源——阳光，它是一种特殊的定向光。

1. 在【内容】面板中，在【定向光】下选择【阳光】，如图 11.24 所示。

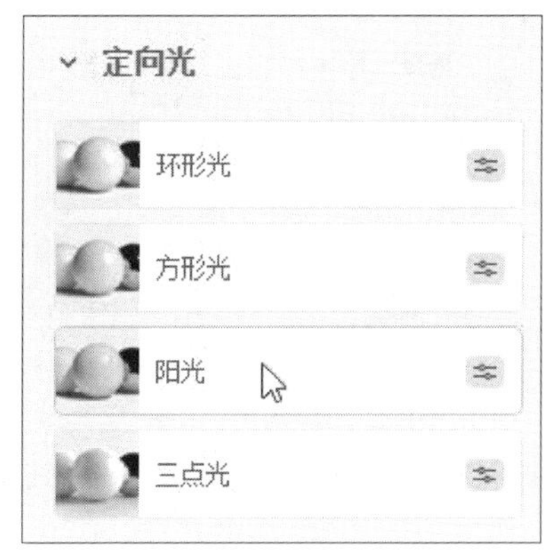

图11.24

此时，模型下出现强烈的阴影，阴影方向与环境光形成的阴影一样，如图 11.25 所示。

图11.25

2. 在【场景】面板中，选择【环境】(非【环境光照】)，如图 11.26 所示。

图11.26

3. 尝试调整【全局强度】与【全局旋转】属性，观察它们是如何影响场景中光线（在这里是环境光照与阳光）的强度与旋转的，如图 11.27 所示。

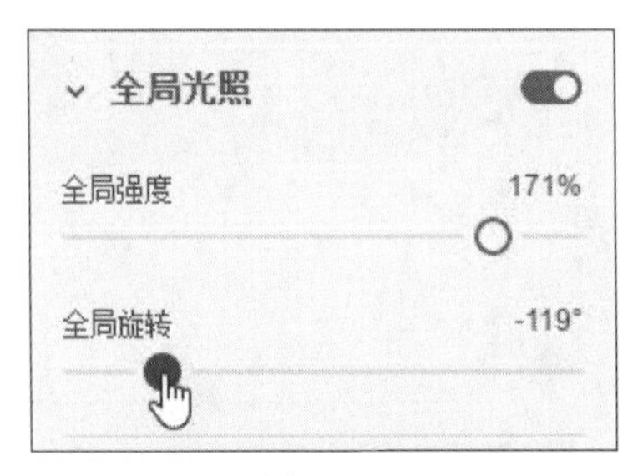

图11.27

4. 在菜单栏中多次选择【编辑】>【还原编辑场景】，直到【全局强度】恢复成100%，【全局旋转】变为0° 。
5. 在【场景】面板中，选择【阳光】，如图11.28所示。

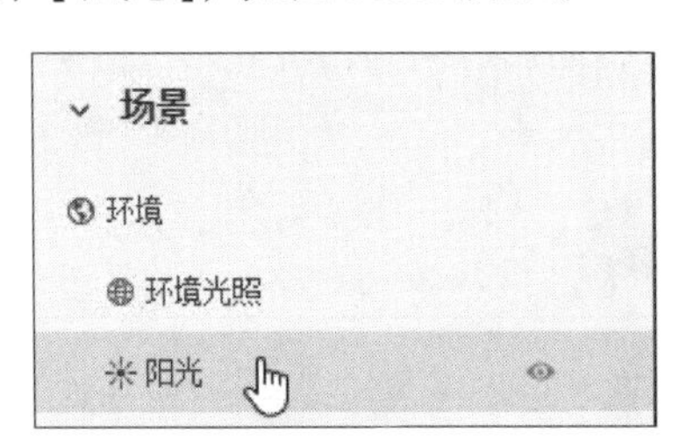

图11.28

6. 在【属性】面板中，把【旋转】值设置为100° ，使阳光从右上方照射下来。此时，可以看到阴影方向发生了变化，并且在圆锥前面出现了高光，如图11.29所示。不过，环境光产生的高光与阴影位置并未发生变化。

图11.29

Dn

注意：【强度】属性控制着阳光的明亮程度。Dimension会根据太阳的位置自动调整光线的亮度，比如当太阳靠近地平线时，光线会暗一些；当太阳升高时，光线会变亮一些。

7. 把【强度】设置为 80%。

8. 把【高度】设置为 20°，此时太阳较低，位于地平线之上 20° 角的地方，物体的阴影相对较长。

【高度】属性控制着太阳的垂直旋转角度。调整【高度】属性时，太阳光的照射方向一样，但是在天空中的高度发生了变化，如图 9.30 所示。【高度】值越接近 0°，光线角度越低，产生的阴影越长。当【高度】值越接近 90° 时，太阳照射高度越高（比如正午时），产生的阴影越短。

图11.30

> Dn **注意：**除了改变阴影长度，【高度】滑块还可以改变阳光颜色。太阳光角度越低，光线越偏红，比如黎明或黄昏时的光线；太阳光角度越接近 90°，光线越接近白光，比如中午时分。勾选【着色】选项后，阳光颜色会被所选择的颜色覆盖。

9. 把【混浊度】设置为 40%。【混浊度】属性控制着投影的软硬与明暗程度。当【混浊度】是 0% 时，阴影边缘最硬；当【混浊度】是 100% 时，阴影边缘最软。阴影离模型越远，边缘越软，如图 11.31 所示。

图11.31

11.4 使用定向光

每个场景中只能添加一个环境光和一个日光，但是可以添加多个定向光，数量不限。

1. 在【场景】面板中，把鼠标移动到【环境光照】上，单击眼睛图标（），将其隐藏起来。
2. 把鼠标移动到【阳光】上，单击眼睛图标（），将其隐藏起来。
3. 在【内容】面板中，在【定向光】下选择【环形光】。此时，在【场景】面板中出现一个名为“定向光”的灯光，如图 11.32 所示。

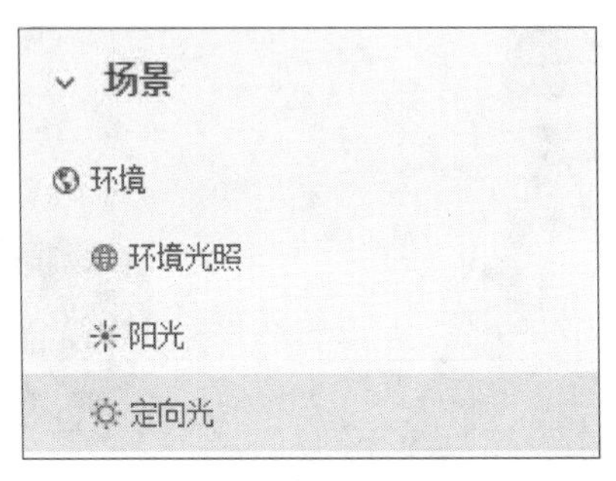

图11.32

在场景中添加金属球体，目的是为了观察灯光。隐藏场景中的所有灯光，只保留刚刚添加的定向光，观察其在金属球上的照射效果，如图 11.33 所示。

图11.33

4. 在【属性】面板中，把【大小】设置为 50%，【边缘柔和度】设置为 80%（见图 11.34），可以看到球体上的反光发生了变化。

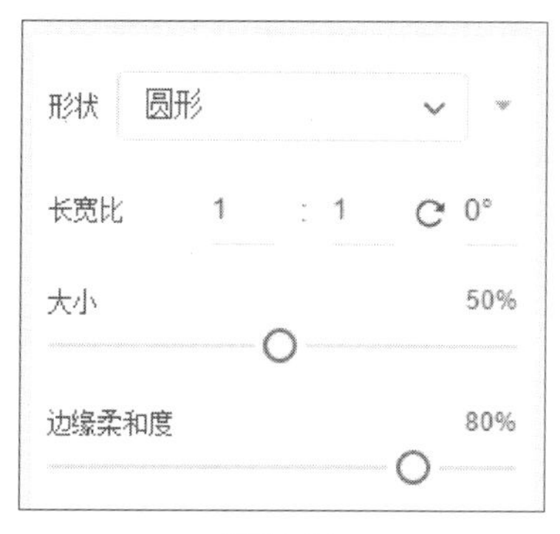

图11.34

5. 在【形状】下拉列表中，选择【正方形】。
6. 除了在【属性】面板中修改【旋转】和【高度】值之外，还可以使用【操作】面板中的【将光线对准一个点】功能来调整这些值。在【操作】面板中，单击【将光线对准一个点】。
7. 单击场景中某个模型的表面并拖动，使光线照射到鼠标所在位置。此时,【旋转】和【高度】值同时发生变化。
8. 继续在场景中添加一个【环形光】和【方形光】，并根据需要调整它们的位置。请注意，添加到场景中的定向光的默认名称是“定向光 2”“定向光 3”等，但是，为了便于区分各个灯光，最好给它们起一个有意义的名称，比如根据灯光的用途、方向等进行重命名，如图 11.35 所示。

图11.35

9. 在【场景】面板中，依次单击 3 个定向光，然后单击【操作】面板中的【删除】图标（🗑），把它们从场景中删除。
10. 在【内容】面板的【定向光】下，选择【三点光】。此时，在【场景】面板添加了 3 个灯光：主光、辅光、背景光（见图 11.36），这 3 个灯光都是【方形光】，我们可以像调整其他定向光一样在【属性】面板中调整各个灯光。【三点光】是影棚中常用的灯光设置。

图11.36

11.5 使用发光材质

有时，场景中还会用到另外一种光源：发光材质。例如，【初始资源】中的【发光体】就是一种发光材质，这种材质与其他大部分材质不一样，它本身能发光，而大部分材质在默认设置下只能反射周围的光线。

1. 在【场景】面板中，单击各个灯光右侧的眼睛图标（），把场景中的所有灯光全部隐藏起来，包括环境光照、阳光、定向光。此时，场景中的模型变为全黑。

虽然当前场景中的灯光全部关闭，但是背景仍然呈现为淡黄色。这是因为不论背景是纯色还是图像，都不受场景中的灯光影响。这一点在我们看到有真实的阴影投射到背景上时很容易忘记。请记住，背景亮度永远不会随着场景灯光的变化而变化。如果希望改变背景亮度，必须通过手动改变背景颜色或背景图像来实现。

2. 使用【选择工具】单击背景，选择【环境】。
3. 在【属性】面板中，单击【背景】右侧的颜色框，打开【颜色】面板，如图 11.37 所示。

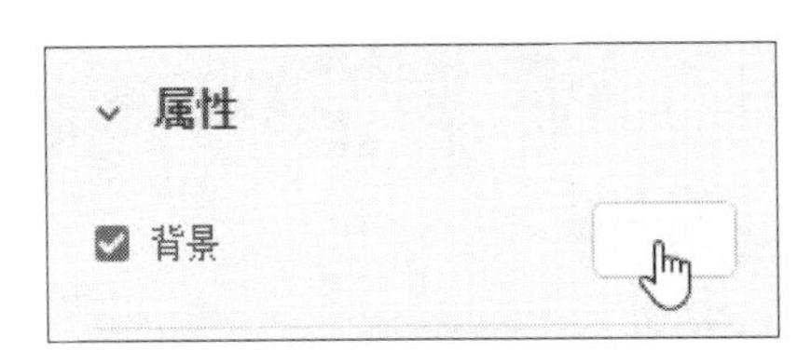

图11.37

4. 把 R、G、B 值分别设置为 150、150、150，然后在【颜色】面板之外单击，将其关闭，如图 11.38 所示。此时，背景颜色变成一种深灰色。

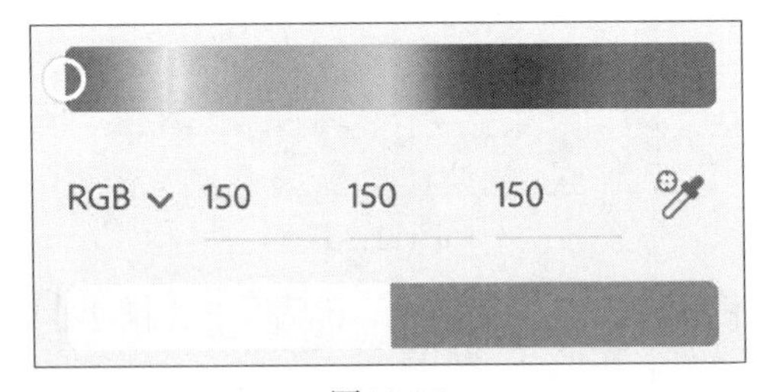

图11.38

5. 在【属性】面板中，把【反射不透明度】设置为 10%，【反射粗糙度】设置为 50%，如图 11.39 所示。

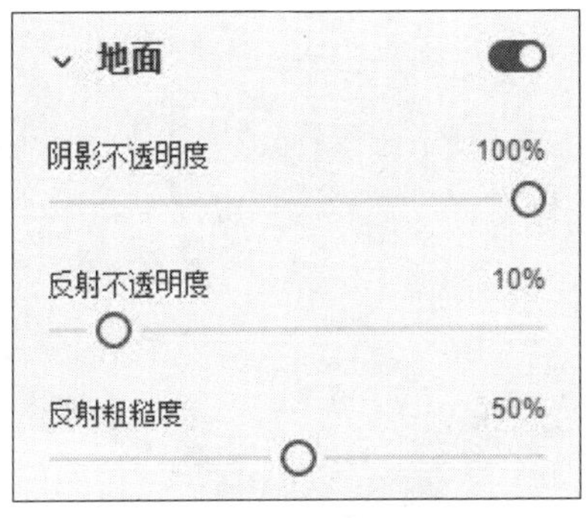

图11.39

注意： 向一个模型应用了一种包含发光属性的材质之后，根据地平面反射不透明度的不同，模型发出的光线对地平面所产生的影响也不同。

6. 单击【相机书签】图标（），选择 Mobius strip 书签，使相机对准 Mobius strip 模型，如图 11.40 所示。

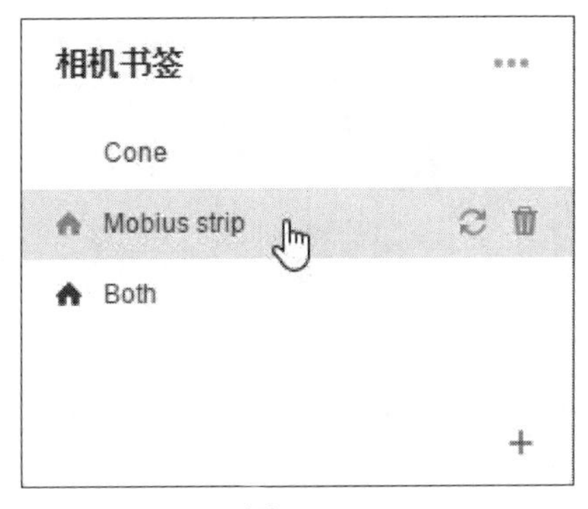

图11.40

7. 在【场景】面板中，选择“Sphere 2”模型。
8. 在【初始资源】面板中，选择【发光体】材质，将其应用到 Sphere 2 模型上，如图 11.41 所示。

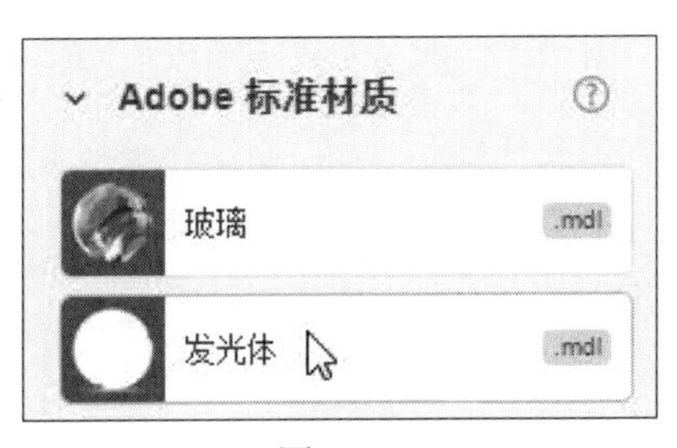

图11.41

此时，Mobius strip 模型被应用在 Sphere 2 模型上的发光材质照亮，如图 11.42 所示。

图11.42

Dn

提示：在【初始资源】面板中选择某种MDL材质，然后在【属性】面板中调整材质的【发光度】属性，可以使所选材质成为发光材质。

11.6　复习题

1. Dimension 支持哪 3 种光源?
2. 场景中没有灯光会发生什么?
3. 【混浊度】属性对场景有什么影响?
4. 增加阳光高度会对场景产生什么影响?
5. 自定义环境光时，可以使用什么格式的图像?

11.7　答案

1. Dimension 支持 3 种光源，分别是环境光、定向光（含阳光）、发光材质（带有【发光度】属性）。
2. 当场景中没有灯光时，场景中的模型几乎全黑，但模型会受到背景反光的影响。场景中的灯光不会影响背景亮度。
3. 随着【混浊度】属性值的增大，阴影变得越来越淡，边缘变得越来越柔和。
4. 随着阳光高度的增加，阴影会变短，阳光越来越接近白色。
5. 在 Dimension 中自定义环境光时，可使用如下格式的图像: AI、EXR、HDRI、JPEG、PNG、PSD、SVG、TIFF。其中，EXR、HDRI图像是高动态范围图像，使用效果最佳。

第12课　导出模型与场景

课程概述

本课中，我们将学习如何在 Dimension 中把模型和场景导出，涉及如下内容：

- 如何保存所选模型，以便在其他场景中重用；
- 在 Dimension 中如何使用 Creative Cloud 库；
- 如何导出一个场景，以供在 Web 中浏览；
- 如何导出一个模型，供增强现实软件使用。

学完本课大约需要 45 分钟。开始学习之前，请先在数艺设社区将本书的课程资源下载到本地硬盘中，并进行解压。

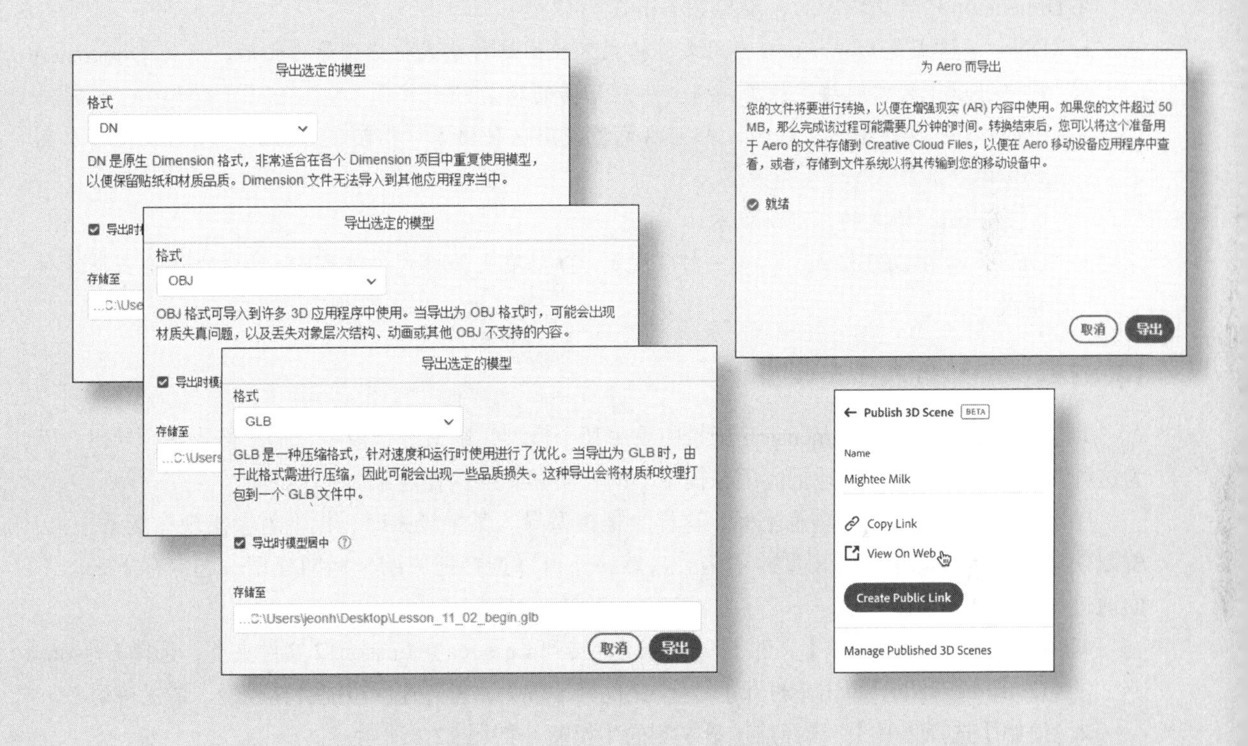

Dimension 提供了强大的导出功能。借助该功能，可以把模型以各种方式导出，以便用在其他 Dimension 场景或 3D 软件中，或者放在网络上供用户浏览，或者用在 Adobe Aero 等增强现实程序中。

12.1 导出模型和场景

Dimension 的主要目的是创建 3D 场景，整个流程包括：导入从各种来源获取的 3D 模型，向模型表面应用材质和图形，在场景中安排模型，向场景中添加灯光与背景图像，最后使用【文件】>【存储】命令保存场景。保存场景时，默认使用的是 Dimension 专用文件格式——DN 文件，这种文件只有 Dimension 软件才能打开。

在 Dimension 中，不仅可以以 DN 格式导出所选模型，还可以以其他格式导出所选模型和整个场景。这在以 DN 格式导出单个模型（不包含场景信息），或者导出模型和整个场景供其他程序使用时非常有用。

在 Dimension 中导出内容时，支持如下格式。

- DN：该格式是 Dimension 专用文件格式。使用这种格式把模型导出之后，其他 Dimension 用户可以很轻松地共享模型，将其用到不同的场景中。
- glTF：GL 传输格式，任何人都可以免费使用这种格式。借助这种格式，应用程序可以高效传输和加载 3D 场景和模型。
- GLB：glTF 格式的二进制版本。
- OBJ：波前 OBJ 格式，这是一种常见的 3D 标准文件格式，许多 3D 建模软件都支持这种格式。

12.1.1 以 DN 格式导出模型

如果打算在另外一个 Dimension 场景中重用某个模型，则最好把模型以 DN 格式进行导出。因为这种文件格式可以很可靠地把应用在模型上的材质和图形保存起来。

导出模型时，可以选择重置坐标，这样当把模型导入某个场景时，模型就会出现在场景中央，就跟使用【初始资源】中的模型差不多。当然，还可以选择把原始坐标同模型一起保存下来。下面通过一个例子来具体了解一下。

1. 在菜单栏中依次选择【文件】>【打开】，转到 Lessons > Lesson12 文件夹下，选择 Lesson_12_01_begin.dn，单击【打开】。这个文件尺寸较大，打开速度可能会比较慢，请保持耐心。
2. 使用【选择工具】，选择前排最左侧的牛奶瓶，如图 12.1 所示。

图12.1

3. 在【属性】面板的【位置】下，记住所选牛奶瓶的坐标：X=19.7 厘米，Y=1 厘米，Z=37.3 厘米。
4. 在菜单栏中依次选择【文件】>【导出】>【选定的模型】。
5. 在【导出选定的模型】对话框中，在【格式】下选择【DN】。
6. 取消勾选【导出时模型居中】选项，如图 12.2 所示。

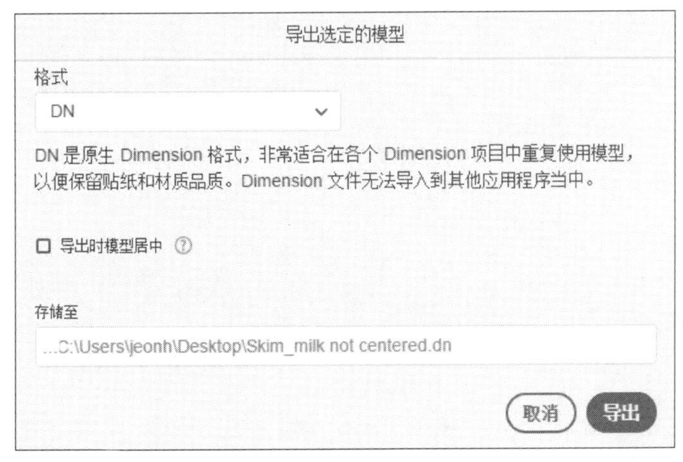

图12.2

7. 单击【存储至】下方的蓝色文字，在弹出的对话框中，输入文件名“Skim milk not centered.dn”，选择一个保存位置，单击【保存】。
8. 单击【导出】按钮。

提示：“导出选定模型”的组合键是 Command+E（macOS）或 Ctrl+E（Windows）。

9. 在菜单栏中依次选择【文件】>【导出】>【选定的模型】。
10. 在【导出选定的模型】对话框中，在【格式】下选择【DN】。
11. 勾选【导出时模型居中】选项。
12. 单击【存储至】下方的蓝色文字，在弹出的对话框中，输入文件名“Skim milk centered.dn”，选择一个保存位置，单击【保存】。
13. 单击【导出】按钮。
14. 在菜单栏中依次选择【文件】>【使用设置新建】，在【新建文档】对话框中，设置【画布大小】为 1024 像素（宽）× 768 像素（高），单击【创建】。此时，Dimension 会先关闭 Lesson_12_begin.dn 文件，再新建一个文件。关闭 Lesson_12_begin.dn 文件时，若弹出对话框询问是否保存文件，请选择【不存储】。
15. 在菜单栏中依次选择【文件】>【导入】>【3D 模型】。
16. 选择 Skim milk not centered.dn 文件，单击【打开】。

17. 此时，Dimension 会把牛奶瓶导入到场景中，但牛奶瓶并不位于场景中央，而是在场景的左下角，如图 12.3 所示。

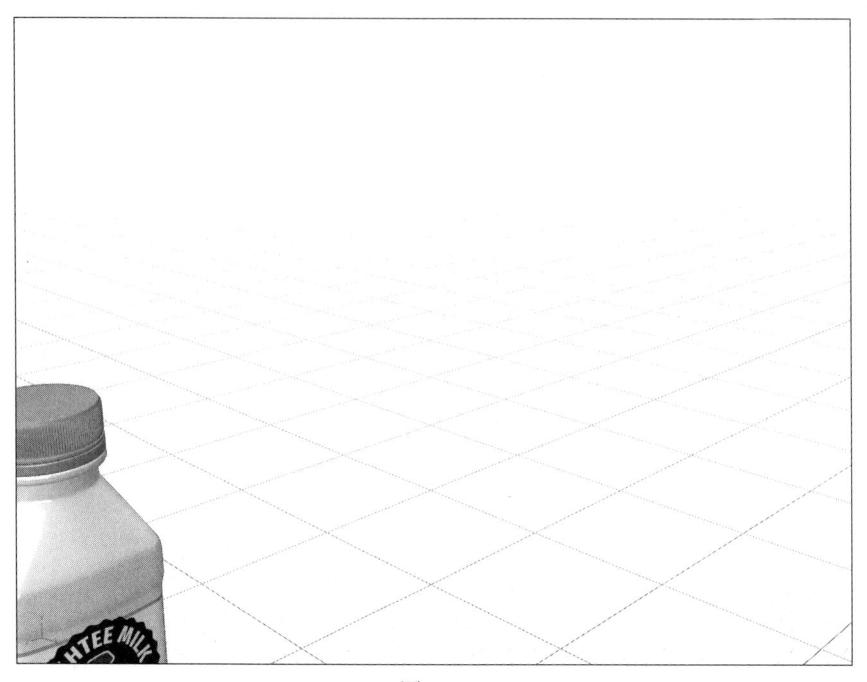

图12.3

在【属性】面板的【位置】下，可以看到牛奶瓶的坐标与原始坐标是一模一样的（X=19.7 厘米，Y=1 厘米，Z=37.3 厘米），如图 12.4 所示。

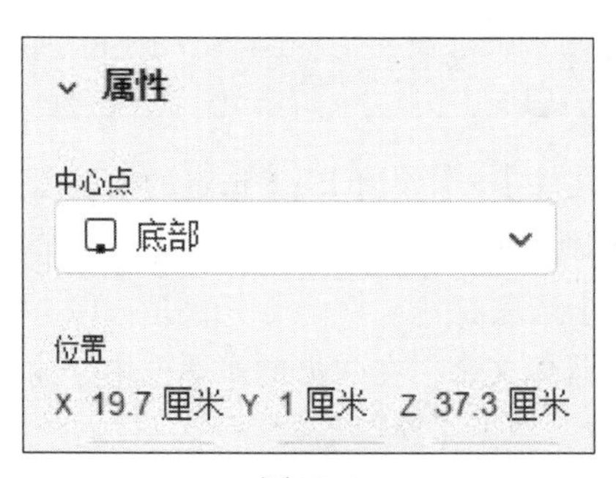

图12.4

虽然新文件中牛奶瓶的坐标未变，但是牛奶瓶却出现在了左下角，这是因为新文件中相机的朝向发生了变化。

18. 在菜单栏中依次选择【文件】>【导入】>【3D 模型】。

19. 选择 Skim milk centered.dn 文件，单击【打开】。此时，Dimension 会把牛奶瓶导入到场景中，并使其位于场景正中央，如图 12.5 所示。

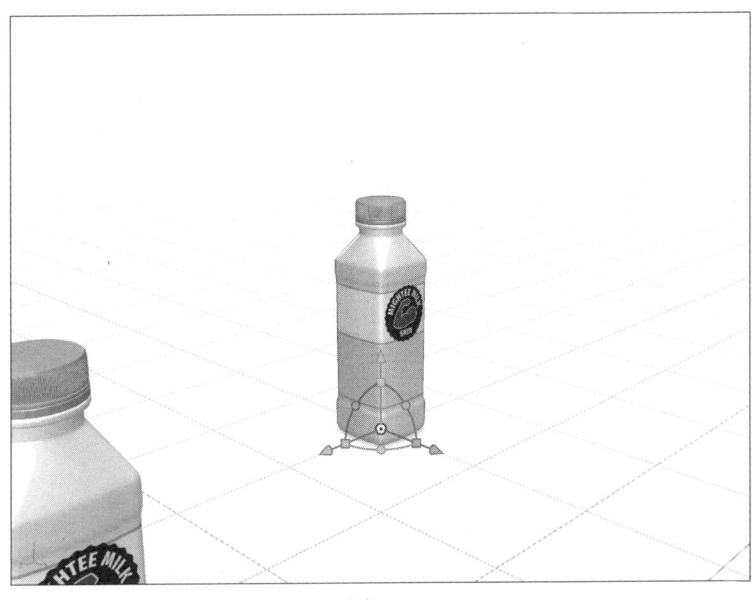

图12.5

12.1.2 以 GLB 格式导出模型

前面提到，glTF 与 GLB 格式密切相关。GLB 是 glTF 格式的二进制单文件版本，该格式的作者将其称为“3D 格式的 jpeg”。大量软件程序和 Web 服务都支持这种格式。接下来，我们将使用 GLB 格式导出模型和整个场景，然后把导出结果放入 PowerPoint 演示文稿中。

1. 在菜单栏中依次选择【文件】>【打开】，转到 Lessons > Lesson12 文件夹下，选择 Lesson_12_01_begin.dn，单击【打开】。此时，Dimension 会关闭包含两个牛奶瓶的文件，若弹出对话框询问是否保存文件，请选择【不存储】。
2. 使用【选择工具】，选择最右侧的红盖牛奶瓶。
3. 在菜单栏中依次选择【文件】>【导出】>【选定的模型】。
4. 在【导出选定的模型】对话框中，在【格式】下选择【GLB】。
5. 勾选【导出时模型居中】。
6. 单击【存储至】下方的蓝色文字，在弹出的对话框中，输入文件名“Whole milk bottle.glb”，选择一个保存位置，单击【保存】。
7. 单击【导出】按钮。
8. 在菜单栏中依次选择【文件】>【导出】>【场景】。
9. 在【导出场景】对话框中，在【格式】下选择【GLB】。
10. 单击【存储至】下方的蓝色文字，在弹出的对话框中，输入文件名“Milk bottle scene.glb”，选择一个保存位置，单击【保存】。
11. 单击【导出】按钮。
12. 启动 Microsoft PowerPoint，打开 Lessons > Lesson12 文件夹下的 Presentation.ppx 文件。

> **注意**：一般来说，3D 模型都是可以插入到 Microsoft PowerPoint、Word、Excel、Outlook 中的。不过，根据使用的 Microsoft Office 许可证和操作系统版本的不同，有时可能无法这样做。

13. 在 PowerPoint 中，依次选择【插入】>【3D 模型】>【从文件获取】

14. 选择前面导出的 Whole milk bottle.glb 文件，单击【插入】。

15. 根据需要，把牛奶瓶拖动到指定的位置上，如图 12.6 所示。

图12.6

16. 按 Delete 键，删除模型。

17. 选择【插入】>【3D 模型】>【从文件获取】

18. 选择前面导出的 Milk bottle scene.glb 文件，单击【插入】。

19. 根据需要，把牛奶瓶场景放到指定的位置上。

20. 单击 Animations（动画）选项卡，显示出动画命令面板。

21. 选择 Turnable（转盘）。此时，牛奶瓶场景开始旋转 360°，如图 12.7 所示。

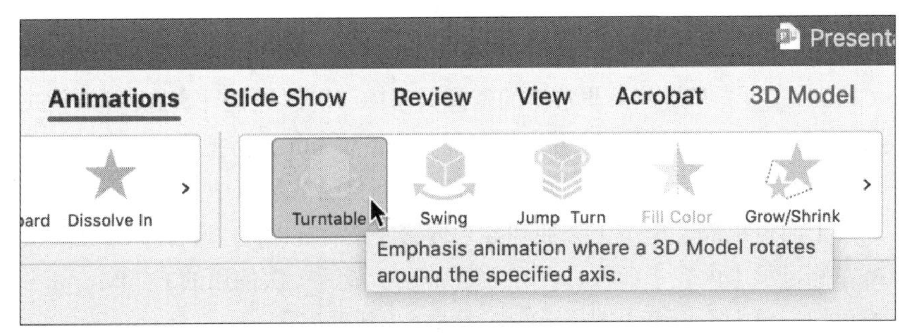

图12.7

12.1.3 以 OBJ 格式导出模型

如果导出的模型要用在其他 3D 软件中，但这些 3D 软件又不支持 glTF 或 GLB 格式，此时，可以选择 OBJ 格式来导出模型。

1. 在 Dimension 中，使用【选择工具】选择一个蓝盖牛奶瓶。
2. 在菜单栏中依次选择【文件】>【导出】>【选定的模型】。
3. 在【导出选定的模型】对话框中，在【格式】下选择【OBJ】，如图 12.8 所示。

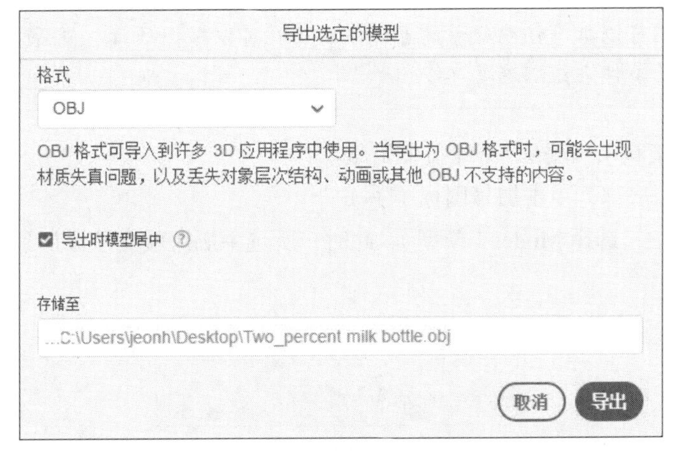

图12.8

4. 勾选【导出时模型居中】。
5. 单击【存储至】下方的蓝色文字，在弹出的对话框中，输入文件名“Two percent milk bottle.obj”，选择一个保存位置，单击【保存】。
6. 单击【导出】按钮。
7. 在“访达”（macOS）或文件浏览器（Windows）中，找到存放 OBJ 文件的位置，可以看到有两个文件（Two percent milk bottle.obj、Two percent milk bottle.mtl）和一个文件夹（Two percent milk bottle，包括一些 PNG 文件）。在把 OBJ 文件导入其他 3D 软件时，这两个文件和一个文件夹都是必需的。

12.2 保存模型到 Creative Cloud 库

Creative Cloud（CC）库是一个非常棒的资源共享库，可以把设计资源保存到 CC 库中，然后在其他项目与 Creative Cloud 程序中使用这些资源。Dimension 支持把模型、颜色、图形等资源保存到 CC 库中，并允许从 CC 库中获取这些资源并应用到自己的场景中。

1. 在【工具】面板顶部，单击【添加和导入内容】图标（⊕），选择【CC Libraries】。此时，在屏幕左侧显示【内容】面板，并在面板中显示最后一次使用的 CC 库。
2. 在面板顶部，单击【更多】图标（⋯），选择【新建库】。
3. 输入新库名称 Mightee Milk，单击 Create（创建）按钮，如图 12.9 所示。

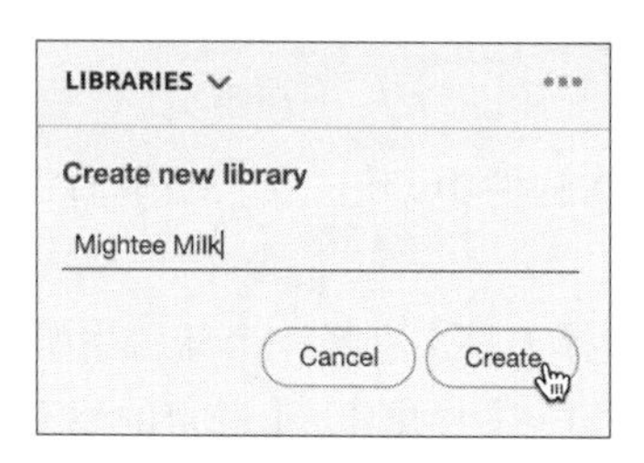

图12.9

提示：我们可以拥有任意数量的 CC 库，而且可以根据项目、资源类型、客户，以及其他有意义的条件来组织这些库。

4. 使用【选择工具】，选择一个绿盖牛奶瓶。
5. 在 CC 库面板底部，单击加号图标（+）。
6. 从弹出菜单中，选择 Model（模型）。此时，所选牛奶瓶就会被添加到 Mightee Milk 库中，如图 12.10 所示。

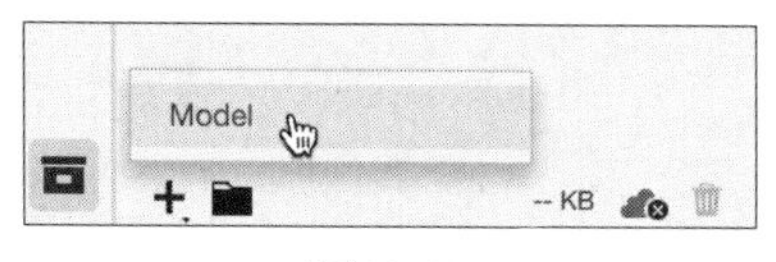

图12.10

7. 使用【选择工具】，选择一个蓝盖牛奶瓶。
8. 在 CC 库面板底部，单击加号图标（+）。
9. 从弹出的菜单中选择【模型】。此时，所选牛奶瓶会被添加到 Mightee Milk 库中。
10. 双击一个蓝色瓶盖，显示其材质。
11. 在【属性】面板中，单击【底色】右侧的蓝色框，如图 12.11 所示。

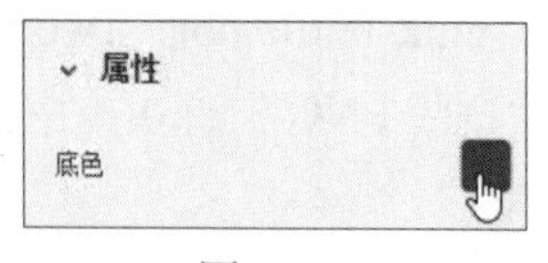

图12.11

12. 在弹出的面板中，单击右上角的【添加到 CC Libraries】图标（），把蓝色添加到 Mightee Milk 库，如图 12.12 所示。

图12.12

13. 在菜单栏中依次选择【选择】>【取消全选】。

14. 双击蓝色牛奶瓶上的标签，选中标签图形。

15. 在【属性】面板中，单击【图像】右侧的方框，如图 12.13 所示。

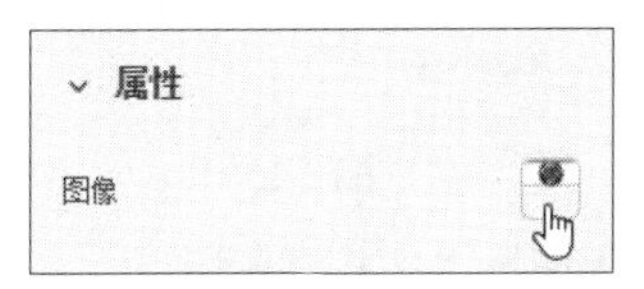

图12.13

16. 在弹出的面板中，单击右上角的【添加到 CC Libraries】图标（），把标签图像添加到 Mightee Milk 库。

17. 此时，Mightee Milk 库中包含两个模型、一个图形、一种颜色，如图 12.14 所示。可以在其他 Dimension 项目中使用这些资源。其中，图形与颜色还可以用在其他 Creative Cloud 软件中，例如 Illustrator、Photoshop、InDesign 等。使用鼠标右键单击库中的某个资源，可以修改资源名称。选择资源名称时，最好选一个有意义的名字，以便以后使用时更轻松地找到这些资源。

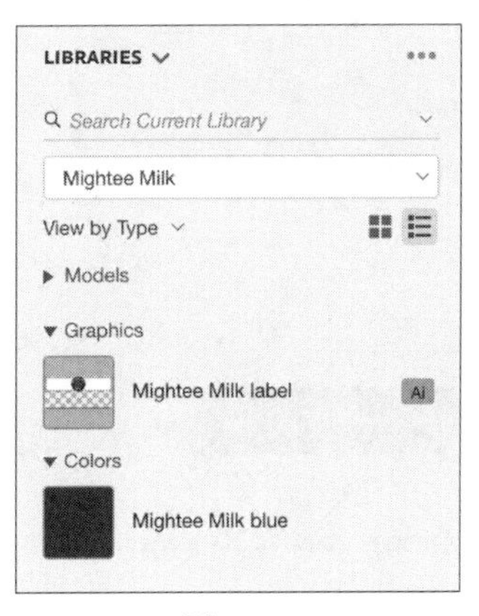

图12.14

12.3　共享 3D 场景

在 Dimension 中，可以借助软件自动生成的网页链接把场景分享给其他人，并允许他们在 3D 空间与场景进行交互。

1. 在菜单栏中依次选择【文件】>【打开】，转到 Lessons > Lesson12 文件夹下，选择 Lesson_12_02_begin.dn 文件，单击【打开】按钮。若弹出询问是否存储更改的对话框，选择【不存储】。
2. 单击工作区右上角的【相机书签】图标（），在【相机书签】面板中有 4 个书签，如图 12.15 所示。

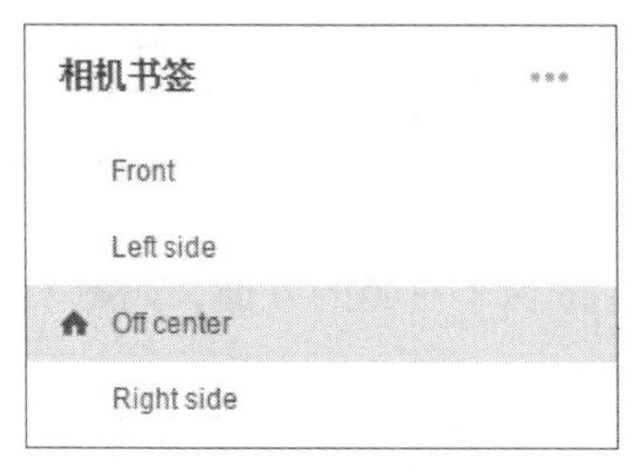

图12.15

3. 单击屏幕右上角的【共享 3D 场景】图标（）。
4. 选择【Publish 3D Scene】（发布 3D 场景），如图 12.16 所示。

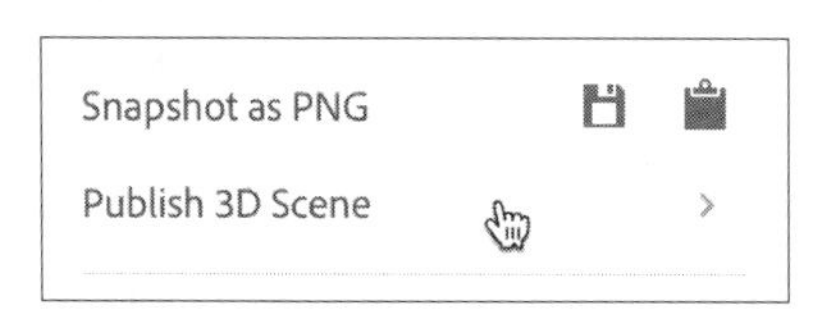

图12.16

5. 输入名称，单击【Create Public Link】（创建公共链接），如图 12.17 所示。

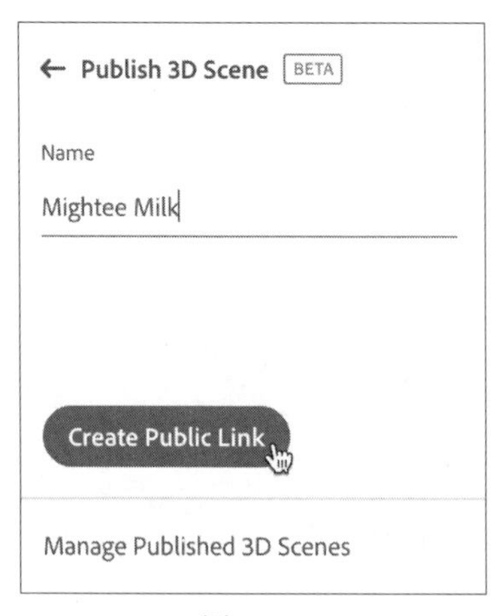

图12.17

6. 单击【View On Web】(网页浏览),如图 12.18 所示。

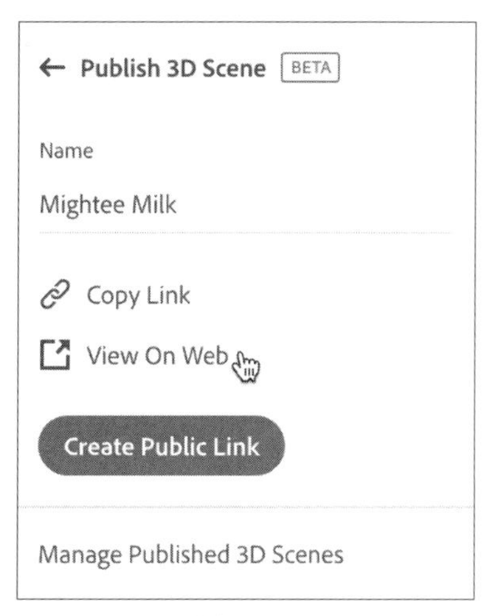

图12.18

7. 在 Web 浏览器中,从不同角度观看场景、放大或缩小场景,以及尝试其他功能。单击问号图标(?),学习如何使用鼠标或触控板在 3D 空间中操控场景(快捷键不同于 Dimension 中使用的那些),如图 12.19 所示。

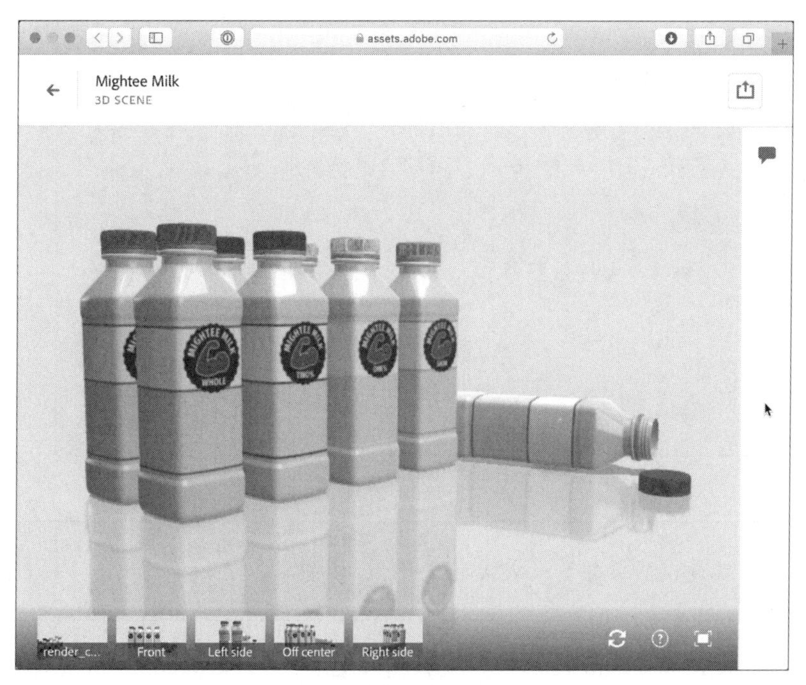

图12.19

请注意,每个相机书签在浏览器中都有对应的图标,单击相应图标即可快速查看相应视图,如图 12.20 所示。

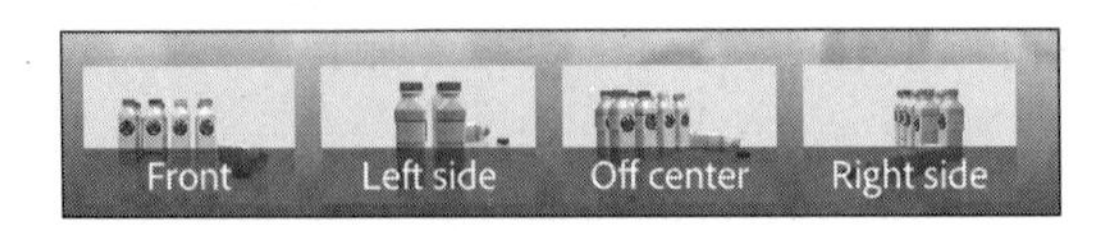

图12.20

12.4 导出选定内容以用于 Aero

Adobe Aero 是 Adobe 新推出的一款增强现实创作软件，旨在帮助设计师创建“沉浸式内容”。Aero 允许设计师把 3D 模型放入真实物理空间中，设计师可以为 3D 模型指定行为，以使它们对用户的触摸等命令做出响应。在 Dimension 中，可以把选定的模型导出供 Aero 使用。

1. 在菜单栏中依次选择【文件】>【打开】，转到 Lessons > Lesson12 文件夹下，选择 Lesson_12_03_begin.dn 文件，单击【打开】按钮。若弹出询问是否存储更改的对话框，选择【不存储】。
2. 使用【选择工具】，选择 Astronaut 模型。
3. 在菜单栏中依次选择【文件】>【导出】>【选定内容以用于 Aero】。
4. 稍等片刻，弹出【为 Aero 而导出】对话框，提示导出准备已就绪。单击【导出】按钮，如图 12.21 所示。

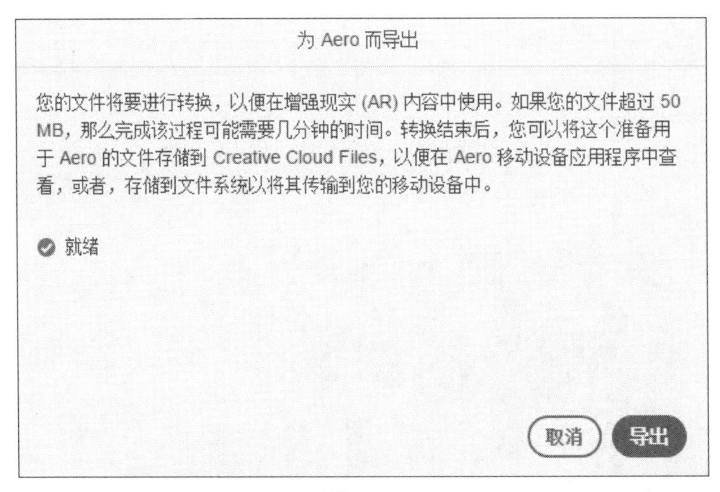

图12.21

> **注意：** 宇航员模型来自于 NASA 的免费 3D 模型库。

5. 转到本地 Creative Cloud Files 文件夹，输入文件名“Astronaut”，单击【保存】按钮。把文件保存到 Creative Cloud Files 文件夹后，可以很方便地把模型导入到移动设备的 Aero 软件中供其使用。
6. 从 Adobe 官网下载 Adobe Aero，然后安装到移动设备上。

7. 在移动设备上，运行 Aero 软件。
8. 单击加号图标（⊕），启动一个新项目。
9. 慢慢转动移动设备，使相机对准要放置宇航员模型的物理平面。
10. 在物理平面上单击，为模型创建锚点，如图 12.22 所示。

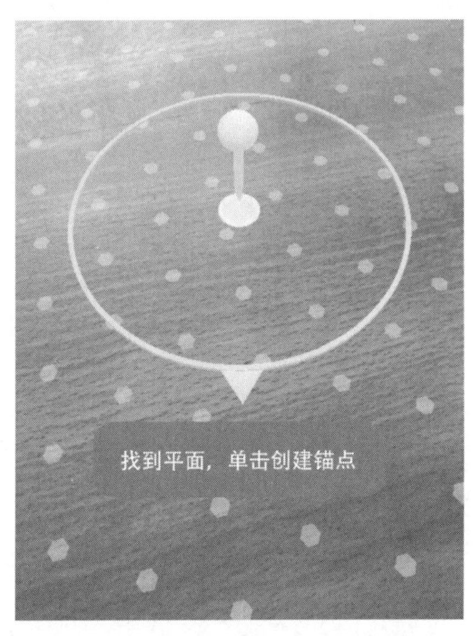

图12.22

11. 单击加号图标（⊕），然后选择【Creative Cloud】，如图 12.23 所示。

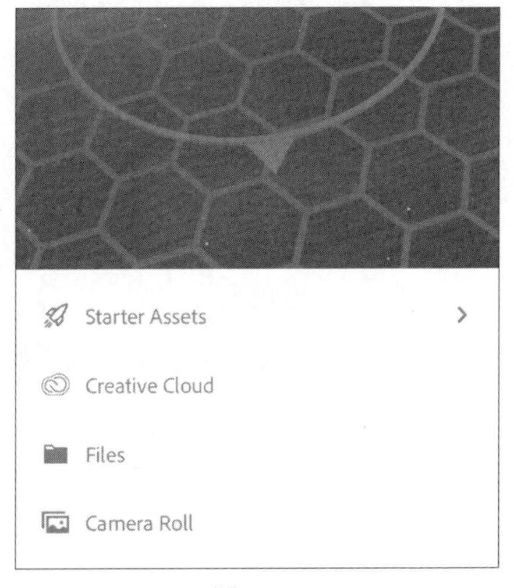

图12.23

12. 选择之前保存在 Creative Cloud Files 文件夹中的宇航员模型。
13. 单击【打开】，Aero 把模型导入到场景中。
14. 单击【预览】，预览结果，如图 12.24 所示。

图12.24

Aero 还有其他许多功能，请自行探索，这里只是简单介绍了如何把模型从 Dimension 导出，然后导入到 Aero 中使用。

12.5 复习题

1. Dimension 支持哪 4 种模型导出格式？
2. 为什么选用 DN 格式导出场景中的单个模型？
3. 如果打算把模型用在 Microsoft Office 中，那么在导出模型时应该选择什么格式？
4. 在 Dimension 中，可以把哪 3 类资源保存到 CC 库中？
5. 使用【发布 3D 场景】命令前，为什么先要把一个场景的多个视角保存成相机书签？

12.6 答案

1. Dimension 导出模型时，支持 4 种文件格式：DN、gLTF、GLB、OBJ。
2. 如果打算把模型用在其他场景中，则导出模型时最好选用 DN 格式，这是一种最稳妥的模型导出格式。
3. 如果打算把模型用在 Microsoft Office 软件中（比如 Word、PowerPoint、Excel），那么导出模型时最好选择 GLB 格式。
4. 在 Dimension 中，可以把模型、图形、颜色保存到 CC 库中。
5. 每个相机书签都会被转换成浏览器中相应的视图，用户在浏览器中单击相应视图，即可从特定角度观看场景。

第13课　使用Adobe Photoshop做后期处理

课程概览

本课中，我们将学习如何在 Adobe Photoshop 打开一个 Dimension 渲染好的场景，以及为何这样做，涉及如下内容：

- 哪些 Photoshop 图层是 Dimension 渲染器自动创建的，这些图层有什么用；
- 如何在 Photoshop 中轻松更改背景图像；
- 如何使用自动保存在渲染图像中的蒙版轻松创建选区；
- 在 Photoshop 中如何调整场景颜色。

学完本课大约需要 45 分钟。开始学习之前，请先在数艺设社区将本书的课程资源下载到本地硬盘中，并进行解压。

使用 PSD 格式渲染导出场景时，Dimension 会向文件中添加一些有用的图层，这些图层可以使后期处理工作变得更轻松。

13.1　在 Photoshop 中打开渲染好的场景（PSD 格式）

在合成场景以及更改场景的灯光、颜色、背景时，Dimension 是最好用的工具。但是，有时场景在 Dimension 中渲染好之后，还需要在 Photoshop 中打开，以便对其做进一步的编辑工作，比如快速调整场景的整体颜色（不必重新渲染整个场景），又比如在 Photoshop 中先把图像转换成 CMYK（用于打印输出），再做进一步处理等。另外，还有些图像的处理必须在 Photoshop 中才能进行。

前面提到，Dimension 支持 PNG 和 PSD 两种渲染输出格式。PNG 文件不包含图层、蒙版，以及其他有用的信息。当选用 PSD 格式保存渲染好的场景时，Dimension 会向文件中添加一些有助于后期编辑的信息。

1. 启动 Adobe Photoshop。
2. 在菜单栏中依次选择【文件】>【打开】。
3. 在【打开】对话框中，转到 Lessons > Lesson13 文件夹下，选择 Lesson_13_begin_high_quality_render.psd 文件，单击【打开】按钮。
4. 若软件界面中未显示出【图层】面板，请在菜单栏中依次选择【窗口】>【图层】菜单。

此时，【图层】面板中显出 7 个图层，如图 13.1 所示。这 7 个图层该如何使用呢？下面一起了解一下。

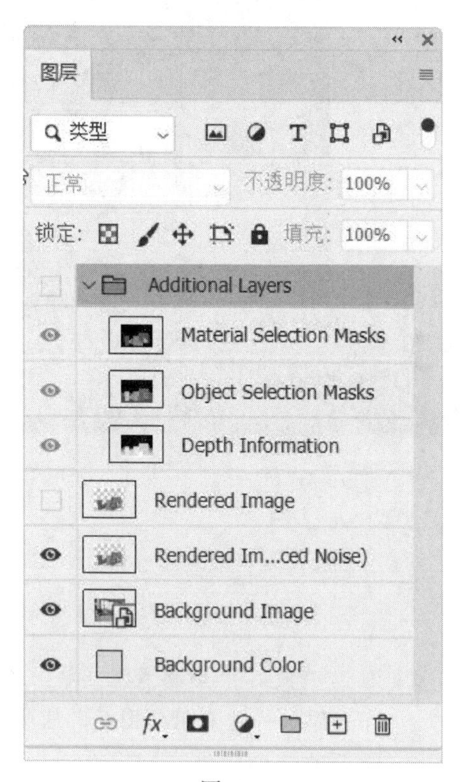

图13.1

13.2 编辑背景

渲染后，所有模型都位于一个单独的透明图层上，这个图层与背景是分离的。所以，更改模型背景可以很容易办到。

13.2.1 更改背景颜色

在 Photoshop 中，可以很容易地改变背景颜色，并且方法有很多，下面只介绍其中一个方法。

1. 单击 Background Image 图层左侧的眼睛图标（），将其隐藏起来。
2. 双击 Background Color 图层左侧的缩览图图标，打开【拾色器】对话框，如图 13.2 所示。

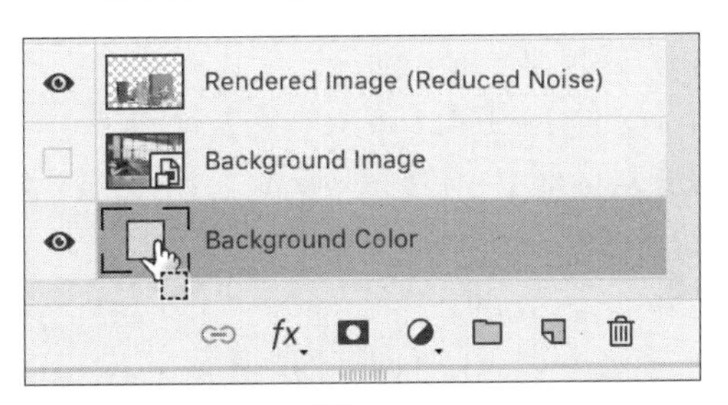

图13.2

3. 为背景另选一种颜色，单击【确定】按钮，如图 13.3 所示。

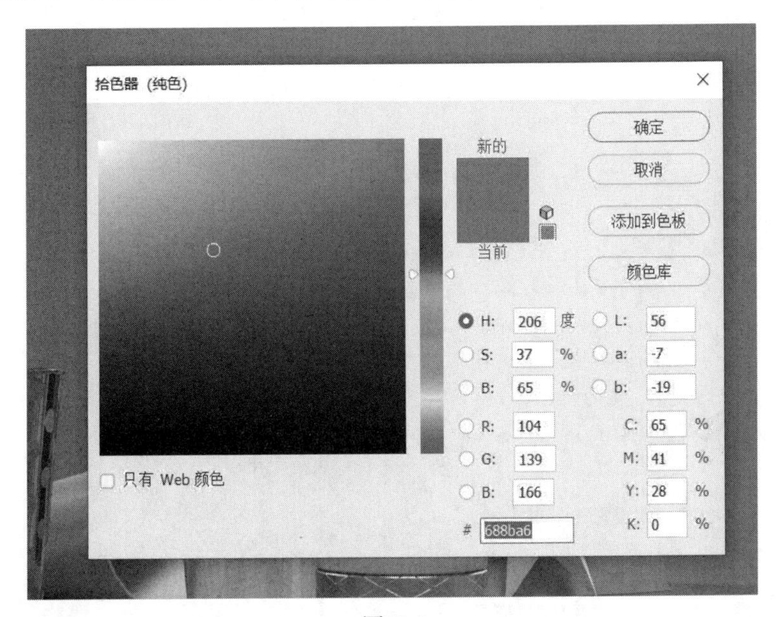

图13.3

模型在背景上的投影是半透明的，它们能与新背景颜色自然地融合在一起。如果图像在地面上有倒影，这些倒影也会被保留下来，并且能与新背景颜色真实地融合在一起。

不过，玻璃杯上仍然显示有之前的背景图像，这是因为半透明材质与材质中的背景图像是一起渲染的。若场景中含有带半透明材质的模型，在 Photoshop 中编辑这样的场景会比较困难。

13.2.2 更改背景图像

渲染时，Dimension 会把背景图像放在单独的图层上，所以在 Photoshop 中可以很容易地把背景图像换掉。但是，在选背景图像时要尽量选那些与原背景图像有类似透视和光照的图像，否则合成后的场景看起来不真实。

1. 单击 Background Color 图层左侧的眼睛图标（ ），将其隐藏起来。

所有 3D 模型都在一个名为"Rendered Image (Reduced Noise)"的图层上。该图层中模型周围的区域是浅灰色的棋盘格，代表该区域是透明的。因此，可以在 Background Color 图层之下插入一个带有背景图像的新图层，替换掉原来的背景。

2. 在菜单栏中依次选择【文件】>【置入嵌入对象】。

3. 在【置入嵌入的对象】对话框中，转到 Lessons > Lesson13 文件夹下，选择 Checkerboard.jpg，单击【置入】按钮。

4. 双击图像，完成置入。

此时，置入的图像位于一个名为 Checkerboard 的新图层上。

5. 在【图层】面板中，把新图层拖动到 Background Image 图层之下，如图 13.4 所示。

此时，整个场景看起来非常舒服，因为新背景与原背景的透视是类似的。但是，透过玻璃杯仍能看到原背景图像，也就是说，模型上的倒影是根据原背景图像创建的。这很难在 Photoshop 中改过来。

图13.4

13.2.3 调整背景图像

如果场景中包含有透明对象，或者对象表面有背景图像的倒影，那么在替换背景图像时就会出现问题。对于这个问题，常常可以通过简单地编辑背景图像（比如调整颜色、锐化、模糊等）来最大限度地减小其对场景真实性的影响。

1. 在【图层】面板中，单击 Checkerboard 图层左侧的眼睛图标（），将其隐藏起来。
2. 在【图层】面板中，单击 Background Image 图层左侧的方框，将其重新显示起来。
3. 在【图层】面板中，单击 Background Image 图层，将其选中。
4. 在菜单栏中依次选择【图层】>【新建调整图层】>【亮度 / 对比度】。
5. 在【新建图层】对话框中，单击【确定】按钮。此时，在【图层】面板中，在 Background Image 图层之上出现一个“亮度 / 对比度”调整图层，如图 13.5 所示。

图13.5

6. 在【属性】面板中，向右拖动【对比度】滑块，增加对比度，如图 13.6 所示。这只会增加 Background Image 图层的对比度，其上方图层不受影响。

图13.6

13.3 使用蒙版做选择

在 Dimension 中选用 PSD 格式渲染输出场景时，Dimension 会创建一个名为 Object Selection Masks 的图层。在这个图层中，场景中的每个 3D 模型都单独填充着一种颜色。借助这个图层，可以很轻松地选中场景中的各个模型。

下面使用这个图层选中场景中最左侧的玻璃杯，然后改变其颜色。

1. 在【图层】面板中，单击 Additional Layers 图层组左侧的方框，将其显示出来。
2. 单击 Material Selection Masks 图层左侧的眼睛图标（ ），将其隐藏起来。
3. 选择 Object Selection Masks 图层，如图 13.7 所示。

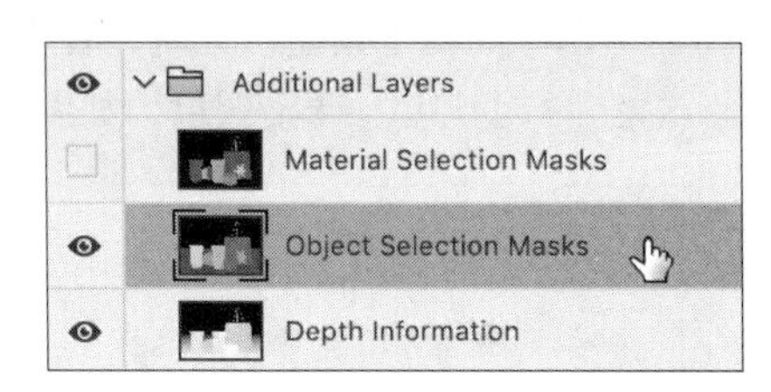

图13.7

4. 在工具箱中，选择【魔棒工具】。该工具与【对象选择工具】【快速选择工具】在同一个工具组下，如图 13.8 所示。

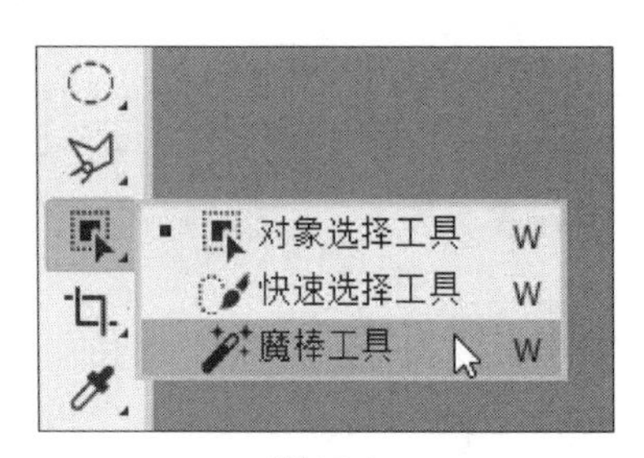

图13.8

5. 在选项栏中，把【容差】设置为 0，勾选【消除锯齿】和【连续】，取消勾选【对所有图层取样】，如图 13.9 所示。

图13.9

6. 在 Object Selection Masks 图层上，单击黄色，即最左侧的玻璃杯。
7. 在【图层】面板中，单击 Additional Layers 图层组左侧的眼睛图标，将其隐藏起来。
8. 在【图层】面板中，选择 Rendered Image (Reduced Noise) 图层。此时，以 Object Selection Masks 图层上的选区为基础，该图层上的杯子被选中。
9. 在菜单栏中依次选择【图层】>【新建】>【通过拷贝的图层】。
10. 双击图层名称，将新建图层的名称更改为“Dotted cup”，如图 13.10 所示。

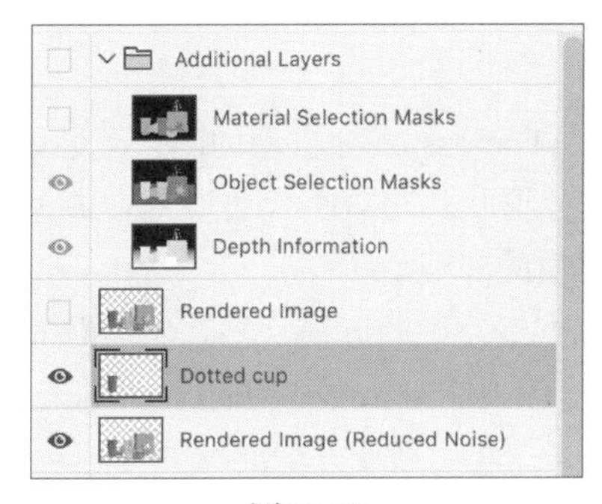

图13.10

11. 在菜单栏中依次选择【图层】>【图层样式】>【颜色叠加】。

12. 在【颜色叠加】面板中，从【混合模式】中选择【颜色】。

13. 单击右侧颜色框，从【拾色器】中选择一种颜色，单击【确定】按钮，关闭【拾色器】，如图 13.11 所示。

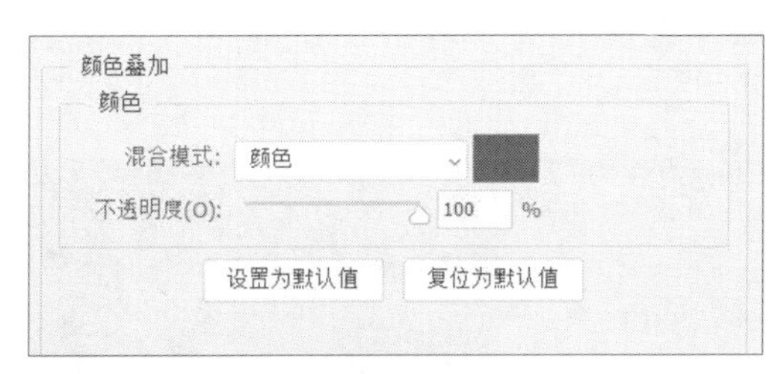

图13.11

14. 在【图层样式】对话框中，单击【确定】，关闭对话框。结果如图 13.12 所示。

图13.12

13.4　调整材质

在每个渲染好的PSD文件中，Dimension会自动创建一个名为Material Selection Masks的图层。这个图层中包含着一些独立的单色形状，每一个代表应用在模型表面上一种材质。下面使用这个图层来改变Start模型上某一种材质的外观。

1. 单击Additional Layers图层组左侧的方框，将其显示出来。
2. 反复单击眼睛图标，比较Object Selection Masks与Material Selection Masks图层中Star模型上的色块有何不同。

经过比较，可以发现在Object Selection Masks图层中，整个Star模型只有一种颜色；而在Material Selection Masks图层中，Star模型上有两种颜色，它们分别代表应用在Star模型不同面上的两种材质。

3. 在【图层】面板中，使Material Selection Masks图层处于可见状态，单击它，将其选中。
4. 使用【魔棒工具】，单击Star模型的一个浅色面。
5. 在菜单栏中依次选择【选择】>【选取相似】，把Star模型上的所有浅色面全部选中，如图13.13所示。

图13.13

6. 单击Additional Layers图层组左侧的眼睛图标，将其隐藏起来。
7. 在【图层】面板中，选择Rendered Image（Reduced Noise）图层，如图13.14所示。

图13.14

8. 在菜单栏中依次选择【滤镜】>【像素化】>【点状化】。
9. 在【点状化】对话框中，把【单元格大小】设置为 3，单击【确定】按钮，结果如图 13.15 所示。

图13.15

> **提示：**可以把 Depth Information 图层作为蒙版，向场景中添加景深效果或戏剧化的光线。在 Depth Information 图层中，区域的颜色越深，表示其离相机越远；颜色越浅，表示其离相机越近。

13.5 调整图像颜色

在 Photoshop 中有许多方法可以使整个场景（包括背景）的颜色变暖一些，下面介绍一种不用拼合图层的方法。

1. 在【图层】面板中，选择 Rendered Image（Reduced Noise）图层，然后按住 Shift 键，单击 Background Image 图层，如图 13.16 所示。

图13.16

2. 在菜单栏中依次选择【图层】>【新建】>【从图层建立组】，弹出如图 13.17 所示的对话框。

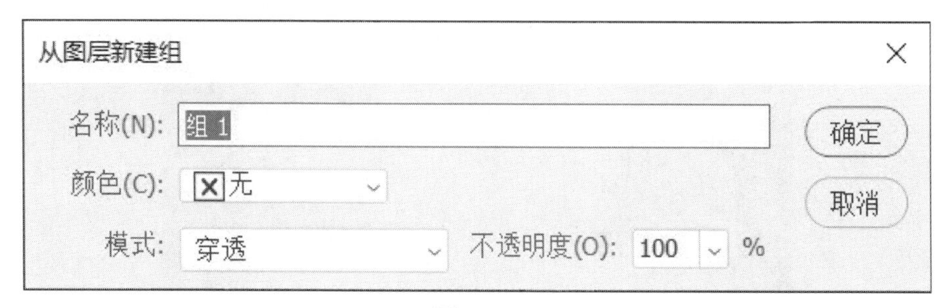

图13.17

3. 在【从图层新建组】对话框中，单击【确定】按钮。
4. 在菜单栏中依次选择【滤镜】>【转换为智能滤镜】。
5. 在菜单栏中依次选择【滤镜】>【Camera Raw 滤镜】。
6. 把【色温】滑块向右拖动一些，使画面变暖一些，如图 13.18 所示。

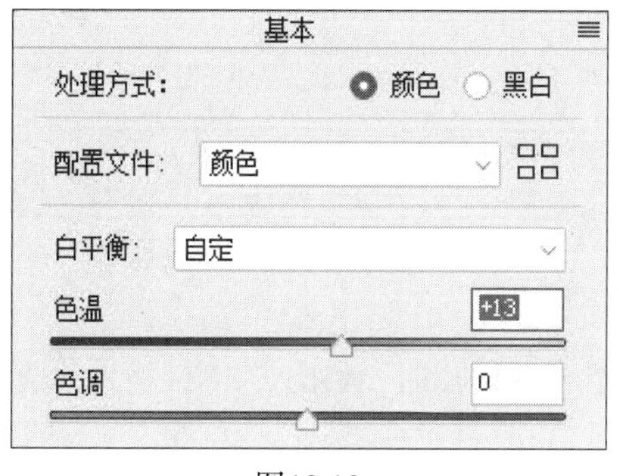

图13.18

7. 单击【确定】按钮。

上面讲的这些只是 Photoshop 强大功能中极小的一部分。除了上面这些之外，在 Photoshop 中，还可以对 2D 场景进行其他各种各样的处理。没有做不到，只有想不到，当然前提是先熟练掌握 Photoshop 才行。

13.6 复习题

1. 在 Dimension 中进行渲染输出时，相比于 PNG 格式，选择 PSD 格式有什么好处？
2. 在 Photoshop 中编辑背景图像时，什么样的材质会降低编辑后场景的真实度？
3. 哪个图层中包含着记录模型材质信息的彩色蒙版？

13.7 答案

1. PNG 图像文件中只包含一个图层。相比于 PNG 格式，PSD 格式文件中包含了许多有用的图层，这些图层可以使后期处理变得更容易。
2. 如果场景中的某个模型应用了半透明材质（如玻璃），渲染后，原背景图像就会被映在模型表面上。此时，在替换原背景图像时，映在模型表面上的原背景图像仍然存在，这会使新背景图像与模型融合地不太自然，从而降低整个场景的真实性。
3. Material Selection Masks 图层中有记录模型材质信息的彩色蒙版，每种蒙版对应于模型上的一种材质。